窄带物联网

电力应用技术

国网辽宁信通 Young 工作室　组编

中国电力出版社
CHINA ELECTRIC POWER PRESS

内 容 提 要

本书介绍窄带物联网技术与电力业务的应用情况，分析基于业务应用场景的窄带物联网建模规划方法及窄带物联网在电力业务接口协议与信息模型、覆盖增强技术、安全接入等方面的情况，实现大量电力终端的实时在线监控与管理、高质高效运维。

本书将基于电力业务应用场景的窄带物联网建模规划方法形成全面的电力业务接入技术解决方案，形成公司在电力窄带物联网技术研究领域的技术储备。在实践上，通过开展电力典型业务的试点应用，提升窄带物联网对典型电力业务的承载能力，对电力窄带物联网的深化应用提供帮助。

图书在版编目（CIP）数据

窄带物联网电力应用技术/国网辽宁信通 Young 工作室组编．—北京：中国电力出版社，2023.6

ISBN 978-7-5198-7739-2

Ⅰ.①窄…　Ⅱ.①国…　Ⅲ.①物联网—应用—电力系统—研究　Ⅳ.①TM7

中国国家版本馆 CIP 数据核字（2023）第 064590 号

出版发行：中国电力出版社
地　　址：北京市东城区北京站西街 19 号（邮政编码 100005）
网　　址：http://www.cepp.sgcc.com.cn
责任编辑：邓慧都（010-63412636）
责任校对：黄　蓓　李　楠
装帧设计：郝晓燕
责任印制：石　雷

印　　刷：北京雁林吉兆印刷有限公司
版　　次：2023 年 6 月第一版
印　　次：2023 年 6 月北京第一次印刷
开　　本：710 毫米×1000 毫米　16 开本
印　　张：6
字　　数：95 千字
印　　数：0001-1000 册
定　　价：36.00 元

编委会

主　编　许　超　黄　兴

副主编　王　维　刘　为　李　立

编写人员　冯　宇　安　鑫　吴昕昀　李　蒸　李清玉　陈　光　李　蒙　柳　璐　张富翔　张福良　朱亚楠　张　磊　聂希柱　张　瑜　冉　冉　潘鹏飞　李立刚　程　硕　周　旭　张莉莎

前　言

通过窄带物联网新兴低功耗广域网通信技术在电力行业的应用，将传统电网的各个环节与先进窄带物联网技术融合，将有效提升智能电网发、输、变、配、用五大环节的信息采集、智能处理、双向交互能力，有利于推动国内电力系统向高效、可靠、绿色方向升级，为智能电网的建设带来积极影响，随着窄带物联网技术发展和向 5G 的演进，其物理层和高层规范逐步标准化。5G 技术带来的不仅仅是更快的网速，而是将万物智能互联成为可能，而窄带物联网是 5G 大连接场景商用的前奏和基础。

国网辽宁省电力有限公司积极响应国家关于窄带物联网技术应用的政策，落实工信部《全面推进移动物联网建设发展的通知》在电力行业应用的要求，夯实电力窄带物联网应用基础设施，推进窄带物联网网络部署和拓展电力行业应用，加快窄带物联网的创新和发展，推广窄带物联网在公共服务领域的应用，推进智慧城市建设，有助于推进网络强国和制造强国建设、促进“大众创业、万众创新”和“互联网＋”发展。

在本书编写过程中，得到多位信息通信及电力技术专家的帮助与支持，特别感谢国网辽宁省电力有限公司信息通信分公司提供的技术支持，编者水平有限，难免出现错误，请各位读者批评指正。

编者
2023 年 1 月

前言

目　录

第1章　概　　述

随着智能电网由电网侧向用户侧不断延伸，新兴业务拓展日益深化，电网公司对终端接入数量需求方面，由原来的百千量级的变电站扩展至十万量级的10kV配电系统和百万千万甚至亿级的用户终端。因此海量终端通信是当前电力通信网迫切需要解决的问题。目前两大电网公司正在统筹建设终端通信接入网，主要采用的是光纤和LTE无线技术，主要解决10kV配电系统；而千万级甚至亿级用户终端的通信接入迫切需要一种合适的通信技术来解决。目前窄带物联网技术所具备的覆盖增强、超低功耗、海量接入等特点能满足上述需求。

电力通信网络双向互动的发展趋势带动了多业务的发展。电力业务终端具有数量多、分布广的特点，各类传感器、智能表计、机器人、充电桩等终端得到广泛应用，需要为海量的"原子"数据提供有效的接入途径，窄带物联网将是重要的技术平台。在电力业务应用场景中，存在连接速率要求低，功耗、成本非常敏感的特点，主要表现在应用终端分布广泛且海量化与通信方式多样化、管理复杂化等方面。

1.1　物联网技术

物联网作为信息通信技术的典型代表，在全球范围内呈现加速发展的态势。不同行业、不同类型的物联网应用的普及和逐渐成熟推动物联网的发展进入万物互联的新时代，可穿戴设备、智能家电、自动驾驶汽车、智能机器人等数以百亿计的新设备将接入网络。2022年6月，IDC发布了2022年V1版IDC《全球物联网支出指南》（IDC Worldwide Internet of Things Spending Guide）。IDC预测数据显示，2021年全球物联网（企业级）支出规模达6902.6亿美元，并有望在2026年达到1.1万亿美元，五年（2023～2027）复合增长率

(CAGR) 10.7%。其中,中国企业级市场规模将在2026年达到2940亿美元,复合增长率(CAGR) 13.2%。全球占比约为25.7%,伴随物联网市场规模的不断扩大,物联网产业体系在网络、平台、芯片、应用以及标准化等方面逐渐成熟,产业要素日趋完备。

在物联网通信网络方面,随着物联网产业的蓬勃发展,与以LoRa和蓝牙为代表的短距离通信技术及以WiFi为代表的局域网技术相比,移动蜂窝网具备广覆盖、可移动和大连接数等技术优势,能够带来更加丰富的应用场景,被认为是未来物联网的主要连接技术。其中,窄带物联网是基于蜂窝的窄带物联网(narrow band internet of things),主要针对低通信速率和动态性较低的业务,具备广覆盖、海量连接、低功耗和低成本等优势,从而在远程抄表、资产跟踪、智能停车、智慧农业等行业具有广泛的应用前景。

1.2 窄带物联网

窄带物联网系统依旧采用基于LTE的分组核心网网络架构,并根据窄带物联网的大连接、小数据、低功耗、低成本、深度覆盖一系列特点,对目前的LTE网络架构和处理流程进行了改进。为了适应窄带物联网系统的需求,提高小数据的传输效率。窄带物联网网络对目前的LTE处理流程进行了增强,支持两种小数据传输方案,包括控制面优化传输方案和用户面优化传输方案。控制面优化传输方案通过控制面的信令来实现IP数据或非IP数据在窄带物联网终端和网络间的传输。该方案的原理是,允许UE在请求RRC连接的过程中,在无线信令承载SRB中携带NAS数据包,在NAS数据包中携带IP数据或非IP数据,进而实现控制面传输用户面数据的目的。用户面优化传输方案则是通过引入RRC连接挂起和恢复流程,在终端进入空闲态后,基站和网络仍然存储终端的重要上下文信息,以便通过恢复流程快速重建无线连接和核心网连接,降低了网络信令的交互。

1.3 窄带物联网技术特点

(1) 设备成本低。窄带物联网在系统设计之初就希望通过降低终端复杂度和降低某些性能要求，来达到降低终端成本的目的。在芯片设计方面，低速率、低功耗、低带宽带来的是低成本优势。速率低不需要大的缓存，功耗低意味着射频（RF）设计要求低，低带宽则不需要复杂的均衡算法，简化盲检次数，减小最大传输块，简化调制解调编码方式，直接去掉 IP 多媒体子系统（IMS）协议栈，简化天线设计，相比 LTE 芯片来说，众多因素使得窄带物联网芯片设计简化，进而带来低成本的优势。

（2）覆盖增强。窄带物联网的设计目标是在 GSM 基础上覆盖增强 20dB，窄带物联网设计的最大耦合路损（MCL）为 164dB。其中，其下行主要依靠增加各信道的最大重传次数以获得覆盖增强。而其在上行的覆盖增强主要来自两方面：一是在极限覆盖情况下，窄带物联网可以采用单子载波进行传输，其功率谱密度可以提升大约 7dB；二是可增加上行信道的最大重传次数以获得覆盖增强。

（3）海量接入支持。窄带物联网技术的大容量主要是由于高功率谱密度带来极度覆盖下更高的频谱效率，以及具有更小的资源粒来降低小包传输下的资源浪费。此外，窄带物联网信令流程简化与数据承载优化也增大了其容量。

（4）低功耗。窄带物联网终端的低功耗可以通过提高集成程度、优化芯片性能、优化架构等方式降低功耗，从芯片集成、射频前端器件集成和定位模块集成三方面减少通路损耗，从而降低功耗；使用高效率的功放和天线，降低器件损耗；优化待机电源、供电电源和时钟。软件方面的优化主要通过物理层优化、新的节电特性、高层协议优化以及操作系统的优化来实现。

1.4 窄带物联网国内外应用情况

随着窄带物联网技术的快速发展，全球各大互联网及物联网厂商都积极布局，研发相关的产品，积极地开展窄带物联网试验测试及试商用，应用领域包括车队管理、车联网、资产跟踪、智慧家庭。英国运营商沃达丰积极开展窄带物联网技术的试点工作，利用现有基站进行部署试点，核心网和无线网升级工作已开始，自建并运营了全球第三大 M2M 平台（GDSP）计划在 2023 年实现 90％的业务覆盖，涉及应用领域包括智能抄表、车联网、资产跟踪、消费电子等。

德国电信首先在 2017 年第二季度在德国商用窄带物联网服务，接下来在荷兰、奥地利、克罗地亚、希腊、匈牙利、波兰和斯洛伐克等市场陆续推出。其中在荷兰市场，德国电信已经确认了几个客户，包括室内气候企业 Itho Daalderop，铁路维护企业 Dual Inventive 和传感器制造商 Smartsensors。

窄带物联网技术在诸如智慧城市、智慧医疗、智能停车等方面也引起了广泛关注。迄今为止，中国、德国、西班牙、阿联酋等国相关行业已完成了多个基于窄带物联网技术的智能水表、智能停车、智能垃圾箱业务的功能验证。

根据《2023～2027 年中国物联网产业深度调研及投资前景预测报告》，在中国政府和运营商的积极推广建设之下已实现“物超人”，2022 年底实现 18.45 亿个，在公用事业、智能制造、车联网、智能家居等领域广泛应用，预计将以 21%的增速到 2026 年实现 36.3 亿个。低功耗连接商用进程不断加速，2021 年连接数近 6 亿个，预计到 2026 年将达 14.9 亿个。固网及 WiFi 在家居、工厂等局域稳定环境将持续发挥主要连接能力，在总连接量中占比过半，预计到 2026 年增至 51.1 亿个。

上海也在积极推进基于窄带物联网技术的智能停车解决方案，已经建设全球首个基于 4.5G 窄带物联网的大规模连续覆盖区域——上海国际旅游度假区，并率先在 P1 停车场部署了 300 多个基于窄带物联网技术的智能车检器，并提供从终端，基站，服务器，手机应用的端到端智能停车方案。用户可以在手机上实现车位查询、预定、导航、移动支付以及停车场管理等功能，解决了游客找车位难的问题，并一定程度缓解了交通拥堵。

国家电网公司高度关注物联网方面的研究，在 2013 年发布了《国家电网公司物联网应用指导意见》，将电力物联网全面融入智能电网建设体系，统筹推进顶层设计和试点应用，承担或参与多项物联网相关的国家项目，包括国家科技重大专项：“面向智能电网的安全监控、输电效率、计量及用户交互的传感器网络研发与应用验证”，国家发改委重大咨询项目“‘十三五’物联网战略发展规划——智能电网课题”等。

综上所述，随着窄带物联网产业链的日渐成熟，窄带物联网技术不仅引起了各大公网运营商的重视，也引起了各行业的广泛关注。电力行业已经在用电信息采集等领域开展相关试点工作，接下来还将继续研究窄带物联网技术在电力领域支持多业务的海量连接、广覆盖以及终端安全接入等课题。与此同时，全球范围内的科研机构和各大厂商也纷纷加速研发布局，各大厂商也面向行业应用提出具体的建设方案。随着技术研究的深入，窄带物联网将会在越来越多的行业得到应用。

第 2 章　电力无线业务发展情况与需求分析

电力通信业务已广泛应用了各种通信技术，随着电网向智能电网的发展和企业信息化进一步发展，对电力通信提出了高带宽、高可靠性、容灾、广覆盖等新的需求。电网公司各环节均已建立较成熟的业务信息系统，已建成先进可靠的电力通信网络。随着电力业务终端数量的飞速增加与新型智能电网业务的不断丰富，智能电网需要引进支持大规模终端的物联网技术来满足智能电网对于通信的新需求。

随着电网的发展，电力通信广泛应用于电网生产控制、管理、经营等各个环节，并已成为电力系统的有机组成部分。同时，电力体制改革深化，电网安全、优质运行的要求进一步提高，电力工业技术和通信技术的进一步发展，智能电网已成为当前世界范围内，被广泛关注的话题，是全球经济和技术发展的必然趋势，也是国际电力工业积极应对未来挑战的共同选择。

电力系统通信业务根据其功能、特点主要分为电网运行和企业管理业务。电网运行类业务又分为运行控制业务和运行信息业务；企业管理类业务又分为信息业务和办公业务。这些业务都依赖通信网络的支撑，但对通信的要求又不尽一致。运行控制业务作为电网控制的一个环节，直接负责管理电网安全，由于此类业务对通信传输时延、通道可靠性要求极高，目前主要使用电力通信专网。该类业务主要有继电保护、安全稳定装置、调度自动化等。运行信息业务覆盖范围广、通道可靠性要求高，通信方式以专网通信为主、公网通信为辅。该类业务主要分为保护管理信息、性能监测装置、稳控管理信息等。

2.1　电力专网业务通信需求分析

（1）输变电状态监测。输变电状态监测业务通信要求应满足 Q/GDW 534、

Q/GDW 240 的要求，输变电状态监测业务单个接入点业务通信要求宜满足以下内容：

1）单终端采集数据传输速率应≥20kbit/s；

2）包含图像业务时，传输通信要求应≥256kbit/s；

3）包含视频业务时，传输通信要求应≥2048kbit/s；

4）端到端传输时延应<1s，通信质量宜符合表 2-1 中 QCI1、优先级 4 等级服务质量要求。

（2）配电所综合监测。配电所综合监测业务通信要求宜满足以下内容：

1）单终端采集数据传输速率应≥20kbit/s；

2）包含图像业务时，传输通信要求应≥256kbit/s；

3）包含视频业务时，传输通信要求应≥2048kbit/s；

4）通信质量宜符合表 2-1 中 QCI6、优先级 6 等级服务质量要求。

（3）电能质量监测。电能质量监测系统数据传输通信应满足 DL/T 1297 的要求，包括以下方面：

1）数据业务 64k～2Mbit/s。通信质量宜符合表 2-1 中 QCI4、优先级 5 等级服务质量要求。

2）工作方式：双工、点对点传输时应有备用通道，可由服务站控制自动切换；网络传输时应能自动封闭环形结构的故障段；并能够断点续传。

3）实时数据传输到主站时延应<4s。

4）电能质量监测业务接口及协议应满足 Q/GDW 649、DL/T 860 要求。

（4）用电信息采集。用电信息采集业务通信应符合 Q/GDW 378.3 的要求。包括以下方面：

1）通信质量要求：用采业务要求遥控正确率应≥99.99%；远程一次采集成功率应≥97%；远程周期采集成功率应≥99.8%（非设备故障和非通信故障条件下）；用电数据采集业务通信质量宜符合表 2-1 中 QCI4、优先级 5 等级服务质量要求；负荷控制业务宜符合表 2-1 中 QCI3、优先级 3 等级服务质量要求。

2）业务移动性要求：终端应固定。

3）业务上下行峰值速率要求：用电数据采集业务约 1.05kbit/s，负荷控制业务约 2.5kbit/s。

4）业务容忍最大时延要求。

2.2 电力公网业务通信需求分析

（1）电动汽车充电站/桩。电动汽车充电站/桩通信应满足 Q/GDW 488 的要求。包括以下方面：

1）通信质量要求：业务系统要求可靠性应≥99.9%；通信质量宜符合 QCI3、优先级 3 等级服务质量要求。

2）业务移动性要求：终端应固定。

3）业务上下行峰值速率要求：业务上下行峰值速率要求：日常业务数据交互单个充电桩带宽要求为 8kbit/s；充电桩固件程序文件更新业务上下行单个充电桩带宽宜应≥2Mbit/s。

4）业务容忍最大时延要求：业务系统端到端时延要求应<5s。

（2）分布式电源。分布式电源监控业务通信应满足 Q/GDW 677 的要求，包括以下方面：

1）通信质量要求：分布式电源业务要求综合遥测综合误控率应≤1.5%，遥信正确率应≥99.9%，遥控正确率应为 100%，子站、监控终端平均无故障时间应≥26000h，系统可用率应≥99.9%；遥控通信质量宜符合 QCI2、优先级 2 等级服务质量要求；遥信、遥测通信质量宜符合 QCI3、优先级 3 等级服务质量要求。

2）业务移动性要求：终端应固定。

3）业务上下行峰值速率要求：按照 IEC104 通信规约，经测算单站点数据峰值流量约为 4kbit/s。

4）业务容忍最大时延要求。

（3）智能家居。智能小区通信网络应符合 DL/T 395、Q/GDW 521、Q/GDW 541的要求，包括以下方面：

1）智能小区主站（含智能家居模块）控制操作命令响应时间：控制命令下达至终端响应的时间应≤5s，控制正确率应≥99.99%。

2）智能家居业务用于传输家电、语音、家庭安防等信息，传输速率约 1M～4Mbit/s，传输时延应≤1s。

3）小区通信网络带宽的配置应充分考虑当前及未来智能小区各项业务需求。若支撑“三网融合”、智能家居业务，每户带宽宜≥30Mbit/s；若仅支撑用电信息采集、小区配电自动化等业务，带宽应≥2.4kbit/s。

4）传输误码率≤10^{-6}。

5）通信服务质量宜符合QCI1、优先级4等级要求。

6）小区通信网络信息安全符合GB/T 22240、Q/GDW 1594、Q/GDW 1595的要求，实现小区电力专网和小区公共网络的物理隔离和纵向安全防护。

7）智能小区业务进行信息交互，所用信息通信网不能与调度数据网相连接。

（4）开关站环境监测。环境监测通信要求如下：

1）单终端采集数据传输速率约20kbit/s。

2）考虑传输图像、视频时，其带宽要求为：图像传输速率为256kbit/s；视频传输速率为2048kbit/s。

3）通信质量宜符合QCI6、优先级6等级服务质量要求。

第 3 章　窄带物联网电力业务适配性分析及规划技术

3.1　窄带物联网电力业务适配性评估分析

全球大多数电信运营商选择低频部署窄带物联网网络，低频建网可以有效地降低站点数量，提升深度覆盖。对于运营商，窄带物联网支持三种网络部署模式，分别是独立（standalone）部署、保护带（guard - band）部署、带内（in - band）部署。窄带物联网的网络部署模式如图 3 - 1 所示。

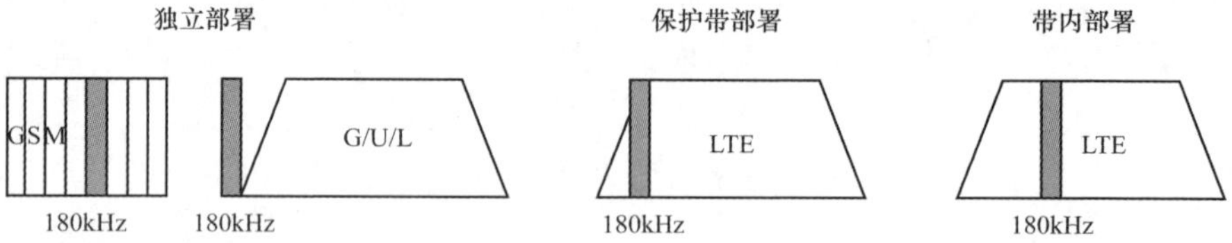

图 3 - 1　窄带物联网的网络部署模式

其中，在独立部署模式下，系统带宽为 200kHz。在保护带部署模式下，可以在 5、10、15、20MHz 的 LTE 系统带宽下部署。在带内部署模式下，可以在 3、5、10MHz、15、20MHz 的 LTE 系统带宽下部署。

窄带物联网和 LTE 系统一样，信道栅格（channel raster）要求 LTE 载波中心频率必须为 100kHz 的整数倍。在独立部署模式下，窄带物联网载波的中心频率是 100kHz 的整数倍。在带内部署和保护带部署模式下，窄带物联网载波的中心频率和信道栅格之间会有偏差，偏差分别为±7.5、±2.5kHz。

在保护带部署模式下，为了降低 LTE 和窄带物联网之间的干扰，要求 LTE 系统发送带宽的边缘到窄带物联网带宽的边缘的频率间隔为 15kHz 的整数倍。

窄带物联网在独立部署模式下的信道间隔为 200kHz；在带内部署和保护

带部署的场景下，两个相邻的窄带物联网载波间的信道间隔为 180kHz。

基于窄带物联网支持的三种部署模式，分析电力业务对应的通信需求，研究面向电力多业务承载的适配性模型。

3.1.1　窄带物联网网络部署模式

（1）独立部署。独立部署是将窄带物联网网络部署在传统的 2G 频谱或其他离散频谱，利用现网的空闲频谱或新的频谱，不与现行 LTE 网络形成干扰。独立部署是最单纯的部署方式，但需要一段自己的频谱。

独立部署模式使用独立的 200kHz 系统带宽部署窄带物联网载波，而窄带物联网真正使用的是 180kHz 传输带宽，两边各留 10kHz 的保护带。在这种部署场景下，对于有 GSM 频谱资源的运营商来说，比较方便，相当于使用一个独立 GSM 频点，即可满足窄带物联网部署需求。

（2）保护带部署。保护带部署是将窄带物联网网络部署在 LTE 频谱边缘的保护频段，使用较弱的信号强度，可以最大化地利用频谱资源。保护带部署模式的优点是不需要一段自己的频谱，缺点是可能发生与 LTE 系统的干扰问题。

LTE 系统在带宽的两端都存在保护带。例如，20MHz 带宽 LTE，实际占用 100 个资源块（resource block，RB），带宽两边各有 1MHz 的保护带，把窄带物联网载波使用的 180kHz 传输带宽放置在 LTE 系统的保护带内。对于无 GSM 频谱、只有 LTE 频谱的运营商来说，这是一种比较容易的部署方案。

为了降低窄带物联网和 LTE 系统之间的干扰，以及 LTE 和窄带物联网对带宽外的干扰，并且要满足用户终端对于信道栅格的要求，在保护带部署带宽内，窄带物联网的中心频率的部署并非任意使用。窄带物联网标准规定：如果 LTE 带宽小于 5MHz，则不能将窄带物联网载波部署在 LTE 保护带内。

（3）带内部署。带内部署是将窄带物联网网络部署在 LTE 带内的一个 PRB 资源，作为窄带物联网的工作载波，通常选择在低频段上，如 700、800、900MHz 等。因为在低频段能有更广的覆盖率，并且有较好的传播特性，对于室内环境可以有更深的渗透率。

在带内部署中，为了避免干扰，窄带物联网频谱和相邻 LTE 资源块的功率谱密度应不超过 6dB。由于功率谱密度的限制，在带内场景中窄带物联网的覆盖相比其他场景更受限。例如，相比于独立部署或保护带部署模式，带内部署需要更长时间获取同步和解码下行广播信道。

带内部署模式使用LTE系统的一个PRB作为窄带物联网载波，在LTE系统上行、下行调度时，不能使用这个独特的PRB。在这个PRB内，LTE系统不能占用标准格式指示位（canonical format indicator，CFI）指示的控制域符号数、小区专有参考信号（cell specific reference signal，CRS）等。为了避免窄带物联网和LTE系统之间互相干扰，两者的功率偏差也做了限定。

在带内部署模式下，窄带物联网和LTE系统存在一定的耦合关系，同时窄带物联网的容量覆盖也受到了限制。

（4）窄带物联网频谱部署模式比较。为了提高窄带物联网的市场需求性，三种运行模式的设计具有一致性原则，但带内部署和保护带部署两种运行模式需特别考虑对LTE系统的兼容性。

在独立部署或保护带部署模式下，假定非锚载波PRB没有下行同步和系统消息开销的情况，窄带物联网所支持的最大上行数据速率为64kbit/s、下行数据速率为27.2kbit/s。

窄带物联网的三种频谱部署模式比较见表3-1。

表3-1　　窄带物联网的三种频谱部署模式比较

模式名称	独立部署	保护带部署	带内部署
频谱	频谱独占，不存在与现有系统共存问题	需考虑与LTE系统共存问题，如干扰规避、射频指标等	需考虑与LTE系统共存问题，如干扰规避、射频指标等
带宽	限制较少	LTE带宽的不同对应可用保护带宽也不同，可用于窄带物联网的频域位置也比较少	要满足中心频点300kHz需求
兼容性	频谱独占，配置限制较少	需要考虑与LTE系统兼容	需要考虑与LTE系统兼容，如避开物理下行控制信道（physical downlink control channel，PDCCH）区域、CSI-RS、PRS、LTE-同步信道和PBCH、CRS等

续表

模式名称	独立部署	保护带部署	带内部署
覆盖	满足协议覆盖要求，覆盖最大	满足协议覆盖要求，覆盖略小	满足协议覆盖要求，覆盖最小
容量	大于基站每个小区 20 万个用户终端，能满足每个小区 5 万个用户终端的容量目标	大于基站每个小区 20 万个用户终端，能满足每个小区 5 万个用户终端的容量目标	大于基站每个小区 7 万个用户终端，能满足每个小区 5 万个用户终端的容量目标，但支持容量略小
传输时延	满足协议时延要求，时延最小	满足协议时延要求，时延略大	满足协议时延要求，时延最大

3.1.2　适配性评估指标体系的构建

（1）适配性评估指标体系的框架。在建立适配性评估指标体系之前，需要对适配性的要求进行分析和建模。电力系统是一个受到电力企业、用户需求、环境地形等各个因素影响的复杂系统，同时，它在人类社会中充当着生活所需能源的传输纽带。对一个特定区域的窄带物联网来说，其运维受到当地运营商和与窄带物联网相关的当地企业、当地用户及城市和社会的关注。从这三大类窄带物联网的利益相关者对于电力适配性的需求中，可以抽象概括出三大类适配性需求，即技术类、经济类和发展类需求。相互关系如图 3-2 所示。

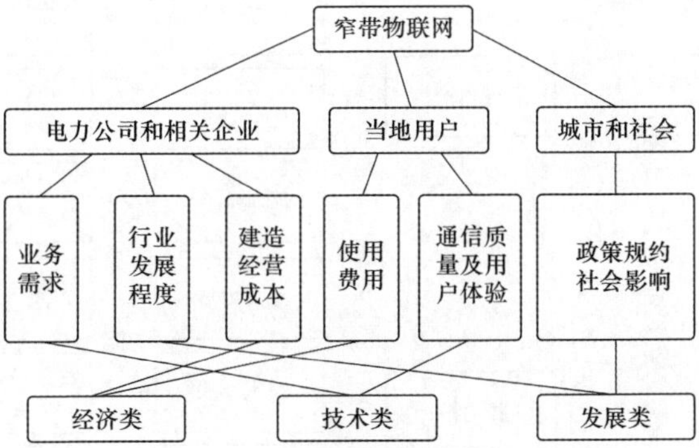

图 3-2　相互关系

将运营商和相关企业的需求抽象成通信行业发展程度、业务需求和建造及经营成本方面，将当地用户的需求抽象成使用费用和通信质量及用户体验，将城市和社会的需求抽象成政策和社会影响，之后将以上需求与三大类评价指标相联系。其中行业发展程度、政策和社会影响属于发展类指标，建造经营成本、使用费用属于经济类指标，通信质量及用户体验和业务需求属于技术类指标。

从技术、经济、发展三个维度进行各类电力业务与窄带物联网技术适配，既考虑了技术唯独的业务需求，还考虑了经济维度的制约因素，此外还照顾到未来的发展趋势，适配指标选取更加全面。

(2) 基于层次分析法的评估模型。对于建立适配性评估指标体系，要进行指标的选取和各级指标权重的计算。对于指评估指标的选取，需要先对三个一级指标（技术类、经济类、发展类指标）进行细化和层级分解；再利用德尔菲法对每个指标的对应权值做出判断。

这里将适配性指标分为两级，适配指标体系中包括一级适配性指标、二级子指标和三级子指标。适配性评价指标体系构建框架如图 3-3 所示。

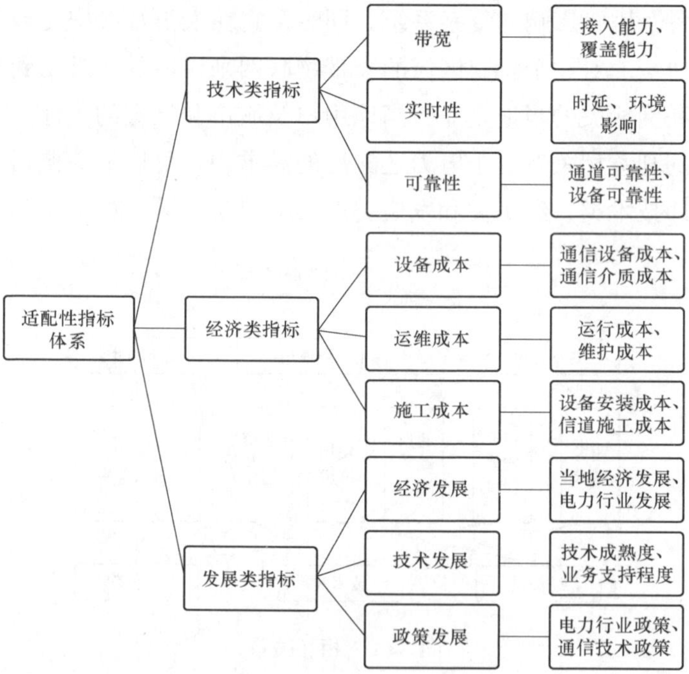

图 3-3　适配性评价指标体系构建框架

其中，技术类指标包括带宽、实时性、可靠性 3 个二级子指标，带宽子指标包括接入能力和覆盖能力两个三级子指标，这两个能力的评判根据仿真出的结果可用带宽和中断概率、链路损耗评判得到；实时性子指标包括时延、环境影响两个三级子指标；可靠性子指标包括设备可靠性和通道可靠性两个三级可靠性子指标。

经济类指标包括设备成本、运维成本、施工成本 3 个二级子指标，设备成本子指标包括通信设备成本、通信介质成本两个三级子指标；运维成本子指标包括运行成本和维护成本两个三级子指标；施工成本子指标包括设备安装成本、信道施工成本两个三级子指标。

发展类指标包括经济发展、技术发展和政策发展 3 个二级子指标，经济发展子指标包括当地经济发展和电力行业发展两个三级子指标；技术发展子指标包括技术成熟度和业务支持程度两个三级子指标；政策发展子指标包括电力行业政策和通信技术政策两个三级子指标。

通过设置的 18 个三级子指标具有可量化、可评估的优点。其中每一个子指标对应的量化评估方法见表 3 - 2。

表 3 - 2　　指标量化评估方法

一级指标	技术类指标					
子指标	接入能力	覆盖能力	时延	环境影响	通道可靠性	设备可靠性
需求值确定	建模分析	建模分析	建模分析	现场实测	经验分析	经验分析
一级指标	经济类指标					
子指标	通信设备成本	通信介质成本	运行成本	维护成本	设备安装成本	信道施工成本
需求值确定	标准规范	标准规范	标准规范	标准规范	标准规范	标准规范
一级指标	发展类指标					
子指标	当地经济发展	电力行业发展	技术成熟度	业务支持程度	电力行业政策	通信技术政策
需求值确定	经验分析	经验分析	经验分析	经验分析	标准规范	标准规范

建模分析类量化子指标包括接入能力、时延覆盖能力。接入能力通过带宽来评判，窄带物联网使用 OFDMA 多址方式，其子载波带宽为 15kHz，每 12 个连续的子载波组成一个资源块 RB，在电网中采用 5M 带宽，具有 25 个 RB，共 300 个子载波。每项窄带物联网技术占用 180kHz 带宽，窄带物联网技术的

子载波间隔为3.75或15kHz，由此计算每项窄带物联网中有48个子载波间隔为3.75kHz的子载波先采取此种性质的子载波间距进行分析。通过以上数据计算窄带物联网技术在通信网络边缘速率，可得15kHz子载波间隔的窄带物联网边缘速率结果、3.75kHz子载波间隔的窄带物联网边缘速率结果分别见表3-3和表3-4。

表3-3　15kHz子载波间隔的窄带物联网边缘速率结果

区域	并发用户规模数	边缘速率（kbit/s）
大城市中心	10	8.75
	20	4.35
	30	2.92
中小城市	10	14.00
	20	7.00
	30	4.67
郊区	10	70.00
	20	35.00
	30	23.33

由上可看出窄带物联网技术在三种通信环境下基本可以满足电力业务8kbit/s的边缘速率要求。

表3-4　3.75kHz子载波间隔的窄带物联网边缘速率结果

区域	并发用户规模数	边缘速率（kbit/s）
大城市中心	10	2.19
	20	1.09
	30	0.73
中小城市	10	3.5
	20	1.75
	30	1.67
乡村	10	17.50
	20	8.75
	30	5.83

由表 3-4 可知，仅乡村在并发用户规模 20 以内才能满足电力业务边缘速率需求。所以在大城市中心和中小城市选择部署 15kHz 子载波间隔的窄带物联网网络，在乡村选择部署 3.75kHz 子载波间隔的窄带物联网网络。

经过调研窄带物联网技术，建立技术适配性评估框架，并将电力业务的业务量进行链路分析，二者结合，从理论上输出通信中断概率、通信时延、吞吐量三个指标，并对指标进行整合最终得出接入能力、时延的贡献值。

标准规范类子指标包括电力行业政策、通信技术政策、通信设备成本、通信介质成本、运行成本、维护成本、设备安装成本、信道施工成本八个子指标，标准规范通过调研当地相关规定获得。通信设备成本、通信介质成本、运行成本、维护成本、设备安装成本、信道施工成本通过调研获得具体值。时延经过调研量化成具体值，电力行业政策和通信技术政策通过调研以及与全国相关政策的比对，给出当地政策的评估水平，包括优、良、差三个等级，对应的分值分别为 100、90、80 分。

现场实测类量化子指标包括环境影响。通过对现场地形的勘探和对通信信号传播质量的测试评价当地环境，包括气候、地形等对通信质量的影响。损耗值低于 15dB/km 评价环境影响为优，损耗值为 15～20dB/km、评价环境影响为良，损耗值高于 20dB/km 评价环境影响为差，其中优评 100 分、良评 80 分、差评 60 分。

经验分析类量化子指标含通道可靠性、设备可靠性、当地经济发展、电力行业发展、技术成熟度、业务支持程度 6 个子指标。此类量化方法对当地子指标进行调研后反馈给有关专家，由专家对子指标进行优、良、差三个等级评级。最终整理所得结果的评分，量化结果评估标准见表 3-5。

表 3-5　　量化结果评估标准

评分结果	描述	定性评估
100	通信技术满足所有场景业务需求	很好
≥80	通信技术满足绝大多数场景业务需求	好
≥60	通信技术满足绝大多数场景业务需求	较好
≥40	通信技术满足某些场景业务需求	一般
≥0	通信技术无法满足任何场景业务需求	不满足

3.1.3 电力窄带物联网技术指标评估方法

（1）评估流程。针对电力窄带物联网的通信结构，将通信网络层划分为通信链路集，研究无线链路的每个协议层，并为电力窄带物联网业务提出窄带物联网技术适配性评估框架。协议栈中其他层的影响仅量化为对消息大小开销的贡献。电力窄带物联网技术适配性评估框架如图 3-4 所示。

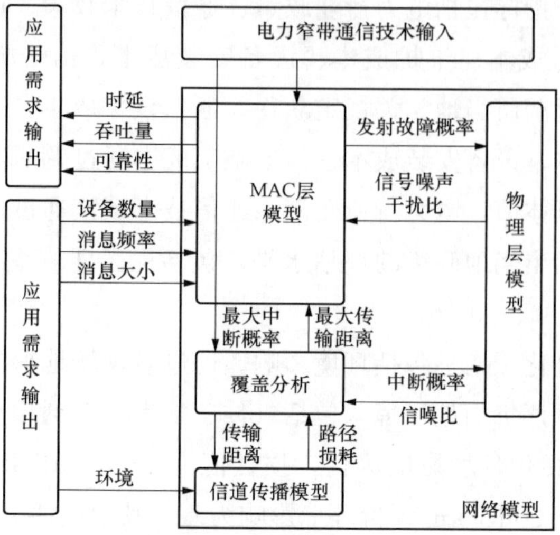

图 3-4 电力窄带物联网技术适配性评估框架

PHY 和 MAC 模型处理一组输入参数，包括环境参数、智能电网应用业务需求以及窄带物联网技术；这些模型输出一组指标，包括时延、吞吐量和业务在该技术下的可靠性，用来衡量智能电网具体业务中的该技术性能。评估框架中的网络模型包括 MAC 层模型、覆盖分析、信道传播模型和物理层模型 4 个部分。

（2）评估实现。

1）窄带物联网技术的链路预算参数。

a. 系统参数。

工作频段：窄带物联网协议支持 700M～2.1GHz 的频段。

带宽：窄带物联网带宽为 180kHz，子载波带宽 15kHz；上行有两种传输方式中的多载波传输的子载波间隔为 15kHz，子载波传输过程中可以进行 3、

6、12 个子载波的传输。窄带物联网技术支持 3 种不同带宽的部署方式：独立部署、保护带部署、带内部署。窄带物联网仅支持分频半双工双工方式。

b. 发射端参数。

天馈参数：天线增益、天线挂高等，需要针对规定的频段、覆盖环境和通信需求选取相应的天线增益和挂高。发射功率：基站发射功分为 20、40 和 60W；终端最大发射功率定义为 200mW，即 23dBm。损耗：合路器、塔放等器件插损以及馈线损耗等硬件损组成了总体损耗值。

c. 接收端相关参数。

解调门限：信噪比 SINR 的门限，是判断设备性能和功能算法的重要评价指标，范围为－4.6～12.6dB。

接收增益：包括天线增益，塔放增益等。

2）IoT 230 技术的链路预算参数。

a. 系统参数。

工作频段：IoT 230 系统支持 223～235MHz 的频段。

带宽：IoT 230 系统带宽为 25kHz，子载波带宽 3.75kHz。

b. 发射端参数。

天馈参数：天线增益、天线挂高等，需要针对规定的频段、覆盖环境和通信需求选取相应的天线增益和挂高。发射功率：基站发射功分为 20、40 和 60W；UE 最大发射功率定义为 200mW，即 23dBm。

损耗：合路器、塔放等器件插损以及馈线损耗等硬件损组成了总体损耗值。

c. 接收端相关参数。解调门限：信噪比 SINR 的门限，是判断设备性能和功能算法的重要评价指标，范围为－4.6～12.6dB。

3）建模分析类指标计算方法。

根据上述参数和方法，进行仿真输出给定条件下的中断概率、时延和边缘覆盖。本文使用用电信息采集业务规约中对无线技术的参考灵敏度作为所需信号强度 L_{req}，经过计算 AMI 业务的需求速率为 8kbit/s。

时延直接量化为适配性评估指标体系技术类指标下的时延子指标，本书取定链路前导码数为 2，通信用户数量为 100 的通信时延作为时延子指标。将中断概率、路径损耗进行评价。在通信距离达到 1km 时，中断概率$\leqslant 10^{-3}$评价为优、$>10^{-3}$评价为差；在通信距离达到 1km 时，路径损耗≤120dB 评价为优、>120dB 评价为差，其中差得 50 分、优得 100 分。两部分的权值分别是：中断概率为 0.4、路径损耗为 0.6，得出承载业务分值。

3.1.4 适配性评估结果及分析

电力无线专网技术类指标实现。

1）中断概率与链路损耗计算与结果实现。考虑大城市中心、中小城市和郊区三种通信环境中的窄带物联网技术承载电力业务链路损耗和中断概率的通信仿真，仿真参数见表 3-6。

表 3-6　　仿真参数

系统参数	值	系统参数	值
基站高度	45m	接收机噪声系数	5dB
接收站高度	1.5m	接收机噪声功率	−102.47dBm
传输模型	SC-OFDM	地形校正因子	大城市中心：0 中小城市：−7.07 郊区：−24.35
阴影衰落量	5dB		

通过传播模型计算链路损耗量和中断概率得出结果，分别如图 3-5 和图 3-6 所示。

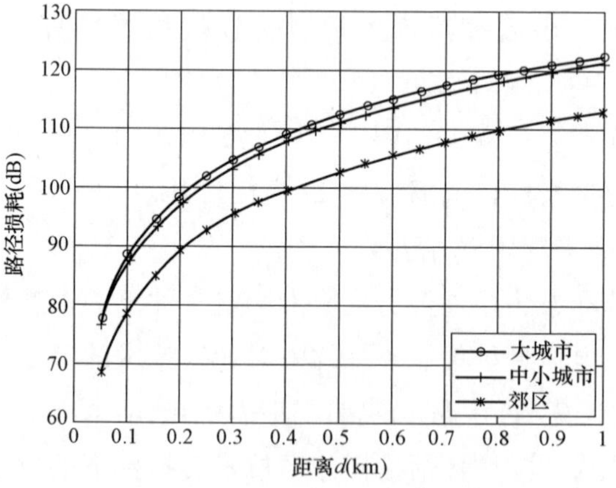

图 3-5　窄带物联网路径损耗

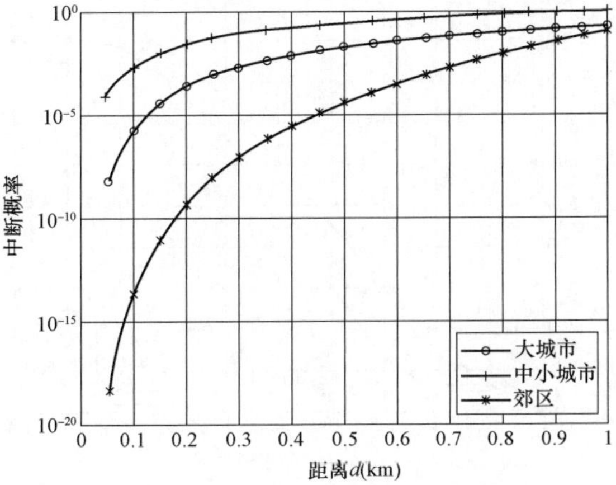

图 3 - 6　窄带物联网中断概率损耗

由图 3 - 5 和图 3 - 6 可知在 Okumura - Hata 通信传播模型下的窄带物联网技术的路径损耗和中断概率随着传输距离的增大而增大。其中，大城市中心环境下的路径损耗最大，在通信距离达到 1km 时，路径损耗值达 123dB。中小城市的路径损耗略小于大城市中心，在通信距离达到 1km 时，路径损耗值为 121dB。郊区的路径损耗值最小，在通信距离达到 1km 时，路径损耗值为 113.5dB。对于中断概率而言，中小城市下的中断概率最大，当通信距离到达 1km 时，中断概率接近于 1。大城市中心环境下，当通信距离达到 1km 时，中断概率为约 0.1。郊区中断概率最小，当通信距离达到 1km 时，中断概率约为 10^{-2}。

从上述数据来看，应用规定的评判打分机制，得到在窄带物联网技术下的中断概率、路径损耗得分以及最终的承载业务相关得分见表 3 - 7。

表 3 - 7　　窄带物联网技术不同区域不同规模承载业务部分得分

区域	大城市中心	中小城市	郊区
路径损耗得分	50	50	100
中断概率得分	50	50	50
承载业务总得分	50	50	70

2）时延计算与结果。通过 MATLAB 仿真在窄带物联网技术下，不同用户数的时延变化情况（见图 3 - 7）。

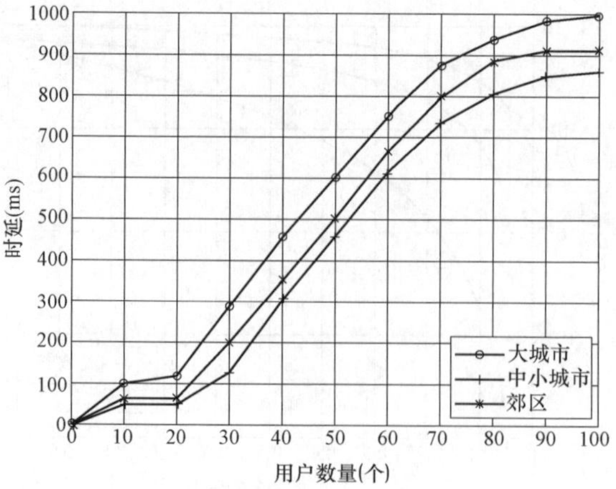

图 3-7 窄带物联网时延

在窄带物联网技术上，通信时延随着用户数量的增长而增长，当用户数量达到 100 户时，大城市中心、中小城市、郊区环境下的时延分别为 995、860、915ms。

通过上述仿真模拟可得窄带物联网技术在不同通信环境下的技术类子指标取值如表 3-8 所示。从技术类指标来看，窄带物联网在大城市中心、中小城市和郊区 3 个环境的通信效果都较好，由于广覆盖优势，在郊区中的表现更为突出。

表 3-8 窄带物联网技术不同区域不同规模技术类指标得分

技术指标 \ 技术类型和环境类型		窄带物联网技术		
		大城市中心	中小城市	郊区
带宽	接入能力	25	25	100
	覆盖能力	100	100	100
实时性	时延（ms）	50	60	70
	环境影响（分）	80	80	80
可靠性	通信可靠性（分）	100	100	100
	设备可靠性（分）	100	100	100
技术指标总得分		86	88	95

根据提出的指标量化方法和适配性评估指标体系中窄带物联网技术在不同

通信环境下的经济类指标和发展类指标得分分别见表 3 - 9 和表 3 - 10。

表 3 - 9　　窄带物联网技术不同区域不同规模经济类指标得分

经济指标 \ 技术类型和环境类型		窄带物联网技术		
		大城市中心	中小城市	郊区
设备成本	通信设备成本	80	90	100
	通信介质成本	80	90	100
运维成本	运行成本	90	100	100
	维护成本	90	100	100
施工成本	设备安装成本	100	100	100
	信道施工成本	100	100	100
经济指标总得分		90	97	100

从经济类成本来看，窄带物联网技术具有良好的设备成熟度与产业链表现。

表 3 - 10　　窄带物联网技术不同区域不同规模发展类指标得分

发展指标 \ 技术类型和环境类型		窄带物联网技术		
		大城市中心	中小城市	郊区
经济发展	当地经济发展	60	60	60
	电力行业发展	60	60	60
技术发展	技术成熟度	90	90	90
	业务支持程度	60	60	60
政策发展	电力行业政策	60	60	60
	通信技术政策	100	100	100
发展类指标总得分		72	72	72

从发展类指标来看，在大城市中心、中小城市和郊区三种通信环境下，发展程度相当，适合窄带物联网技术发展。

应用上述模型，针对窄带物联网技术在满足 5 大基础类电力业务（配电自动化、用电信息采集、电动汽车充电站/桩、分布式电源和精准负荷控制）的能力展开了分析，分析结果见表 3 - 11。

表 3-11　基础类电力业务的的窄带物联网技术承载适配性分析

业务	时延		可靠性要求		带宽	
	业务要求	窄带物联网	业务要求	窄带物联网	业务要求	窄带物联网
精准负荷控制	<50ms	×	—	—	≥22.4kbit/s	√
用电信息采集	<15s	√	≥99.8%	√	≥1.05kbit/s	√
电动汽车充电站/桩	<5s	√	≥99.9%	√	≥8kbit/s	√
分布式能源	二遥<60s、三遥<5s	二遥√、三遥√	二遥≥99.9%、三遥=100%	二遥√、三遥×	≥4kbit/s	√
配电自动化	二遥<3s、三遥<2s	二遥×、三遥×	二遥≥99.9%、三遥≥99.8%	√	≥2.4kbit/s	√

从上表可知，窄带物联网技术网络的覆盖能力强，可有效保障大量用电信息采集业务接入。但对延时有一定要求的业务（2s<时延<5s），需考虑窄带物联网网络的覆盖性能和传输配置情况，若覆盖电平较高且公网通道延时较低，则可承载该类业务，对低延时业务（时延小于2s），则无法有效支撑。

另外还需注意的是，虽然时延要求不高的用电信息采集类业务可以通过窄带物联网技术的良好覆盖特性来满足接入，同时由于有源环境不需考虑功耗问题，但在密集高频次的采集场景下，通信有一定失败的概率，原因主要有两点：①密集部署的用采终端所处位置有可能处于窄带物联网技术的覆盖盲区或者弱区，造成通信一定概率中断。②采集频次如果为较高频次（1min甚至更低），窄带物联网技术自身接入带宽有限，有可能在采集终端比较密集的情况下发生拥塞现象，从而造成通信时延过高，超过业务要求。

评估后的建议是，可以在大规模采集类业务，例如用电信息采集、电动汽车等业务的接入网部署窄带物联网技术，在建设模式上，在专网政策与频谱不鼓励情况下，可考虑主要采用租用公网的方式，与现有GPRS、PLC等采集方式形成互补。

技术与业务维度上，窄带物联网可承载用电、电动汽车等信息采集业务，以及部分电力物联网信息采集业务（输变电状态监测、开关站环境监测、配电站综合监测等）。部署与运营维度上，由于频谱资源受限，且无法与 TD-LTE 无线专网进行融合部署，自建窄带物联网专网的技术与建设成本较高，应采用租用公网方式。演进与服务持续性上，窄带物联网在运营商公网侧将长期得到服务支持，建议电力业务可局部采用租用窄带物联网方式完成低功耗物联网信息采集业务需求。

3.2 电力窄带物联网组网规划方法

基于 NFV 和 SDN 的端到端窄带物联网的网络架构主要由三部分构成，分别是基于 SDN 的电力窄带物联网终端、电力窄带物联网接入网部分和基于 NFV 的电力窄带物联网核心网部分。基于 NFV 和 SDN 的端到端窄带物联网网络架构如图 3-8 所示。

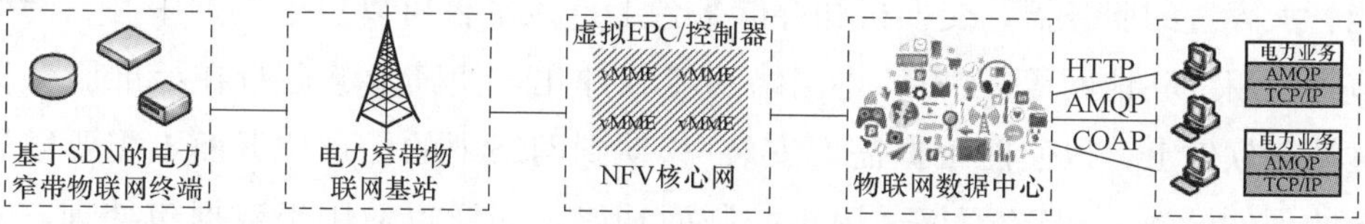

图 3-8 基于 NFV 和 SDN 的端到端窄带物联网网络架构

除此之外，物联网数据中心可以从核心网侧获取电力窄带物联网的运行情况，并可以由终端访问和分析。下面从核心网、接入网和终端三方面介绍基于 NFV 和 SDN 的端到端窄带物联网的网络架构。

3.2.1 核心网规划分析

智能电网中的大规模物联业务具有小数据量、非频繁传输、深度与广度覆盖连接等特点，若采用现有电力通信核心网承载电力物联业务，将会出现如下问题。

(1) 控制面效率低下。海量的设备接入将引起大量的附着、业务请求、TAU 等，这将导致控制效率及资源使用效率低下，且有系统过载风险。

(2) EPC 大量功能冗余。窄带物联网业务通信行为单一，大部分为纯上报数据或伴有少量的下行数据，用户静止或限制移动性，需要简化 EPC 的相关功能。

（3）能耗高。终端节点现有 LTE/EPC 与终端信令交互流程烦琐，与物联网终端对超长续航能力需求相矛盾。比如小分组数据传输及间隔时，网络需建立连接及释放连接，从而产生大量的上下文传递相关信令，从而产生大量的能耗。

（4）不支持 non-IP 数据类型。non-IP 类用户数据经常被应用在海量传感器网络，未来智能电网相应的某些物联业务中也会有 non-IP 类用户数据的需求，而现有 EPC 不支持此功能。

（5）IP 分组头压缩效率低。由于非频繁的小分组数据传输及移动性，eNB 和 UE 中保留的头压缩上下文可能会被重置，这将导致数据分组产生全量的开销，增加了网络拥塞的风险。

为了解决上述问题，本书提出将 NFV 技术引入到窄带物联网的核心网中。NFV 希望通过标准的 IT 虚拟化技术，把网络设备统一到工业化标准的高性能、大容量的服务器，交换机和存储平台上。该平台可以位于数据中心、网络节点及用户驻地网等。NFV 将网络功能软件化，使其能够运行在标准服务器虚拟化软件上，以便能根据需要安装/移动到网络中的任意位置而不需要部署新的硬件设备。NFV 不仅适用于控制面功能，同样也适用于数据包处理，适用于有线和无线网络。

基于 NFV 的窄带物联网核心网网络架构可以分为以下 3 个主要部分。

（1）NFVI（NFV infrastructure，NFVI）：指 NFV 基础设施，包括物理资源、网络资源、虚拟化层以及其上的虚拟资源，其中物理资源包含计算、存储、网络三部分硬件资源，其中包括各类电力业务终端，是承担计算、存储和内外部互联互通任务的设备。

（2）VNF&EM：VNF（virtualize network function，VNF）软件化后的网元部署在虚拟机上，其功能与接口和非虚拟化时保持一致；EM（element management，EM）主要完成传统的网元管理功能及虚拟化环境下的新增管理功能。

（3）MANO（NFV management and orchestration）：包括 Orchestration、VNFM 与 VIM。NFV Orchestration 负责管理当前电网中活动的业务、VNF 与资源的总体管理，是整个 NFV 架构的控制核心。VNFM（VNF manager，

VNFM）负责 VNF 资源及生命周期等相关管理，如网元的实例化、扩容和缩容等功能。VIM（virtualize infrastructure management，VIM）主要是实现整个硬件和虚拟化的基础设施层资源管理和监控。

NFV 通过使用 x86 等通用性硬件以及虚拟化技术，实现软件处理通信中的各种服务流程。该技术可以通过软硬件解耦及功能抽象，使电信设备功能不再依赖于专用硬件，资源可以充分灵活共享，实现新业务的快速开发和部署，并基于实际业务需求进行自动部署、弹性伸缩、故障隔离和自愈等。

采用 NFV 技术的电信设备称为虚拟网元，传统的电信设备称为物理网元。VNF 和 PNF 之间最大的区别就是实现了从软硬件一体化到软件的变化。通过引入 NFV 技术，不但增加了设备商产品对电力通信网的“透明度”，而且有助于进一步提升电力通信网的网络质量和运维效率。

NFV 化的电力通信网网管系统，分为传统电力通信网网管系统和 NFV - MANO 管理系统。其中传统电力通信网网管系统就是一般的电信网管体系，由 NE（网元）、EM（网元管理层）和 NM（网络管理层）组成；NFV - MANO 由网络功能虚拟化编排器（NFVO）、虚拟网络功能管理器（VNFM）及虚拟化基础设施管理器（VIM）组成。NFV - MANO 内部功能块之间、NFV - MANO 与运营和业务支撑系统（OSS/BSS）、网元管理器（EM）、虚拟网络功能（VNF）、网络功能虚拟化基础设施（NFVI）之间均有管理接口相连。图中的 EM 系统既可以管理传统的 PNF，又可以管理 VNF。对于 PNF，依然由 EM 和 OSS/BSS 管理；对于 VNF 的管理则分为两部分：EM 和 OSS/BSS 负责 VNF 应用层逻辑功能的管理；NFV - MANO 负责 NFV 业务流程的编排和生命周期管理、对整个 NFVI 资源的管理和编排以及业务网络功能和 NFVI 资源的映射与关联。

3.2.2　接入网规划分析

电力窄带物联网接入网部分在接入网设计中考虑了系统现有能力，单终端最大可调度频点数量为 12 个频点，预计上行峰值速率小于 300kbit/s。接入网采用 10ms 帧结构，但针对 180kHz 的频谱划分，接入网为保持下行一定的承载能力，采用 3∶1 的上、下行配比。电力窄带物联网接入网部分采用 OFDM 调制方式，15Hz 子载波间隔设置，每个 180kHz 信道带宽内部署 12 个子载波。

电力窄带物联网接入网支持 PSM 功能，允许终端数据传输完成后向网络申请深度睡眠。电力窄带物联网接入网还支持 eDRX 功能，通过延长唤醒周期，进一步降低终端连接态和空闲态的功耗。

电力窄带物联网接入网还支持区分有能量来源和无能量来源的终端，分别使用面向通信质量和能量效率的资源配置技术。同时，通过信令优化等方式，实现电力窄带物联网的海量接入以及安全接入。

电力用电信息采集业务工作模式主要采用轮询接入方式，由主站主动发起通信请求，终端采用轮询的方式接入。具体通信过程为：主站先给终端发送通信请求帧，当终端接收到通信请求帧后，回复响应帧或否认帧；主站收到响应帧进行处理后给终端发送接收确认帧，此时完成一个通信过程。主站向下一个终端发送通信请求帧进行下一轮的通信，实现轮询接入访问控制，如图 3-9 所示。

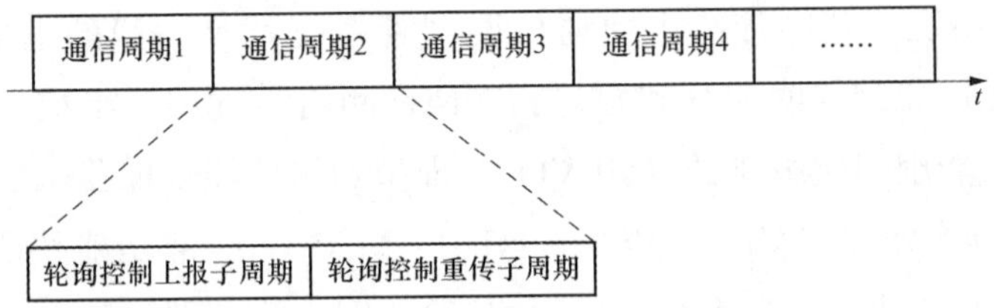

图 3-9　电力轮询接入控制

为便于理论建模分析与比较，结合电力窄带物联网的通信特点，将电力用电信息采集的通信过程分成由若干时间片周期组成的通信方式，为进一步地表现电力无线通信轮询控制接入方式的过程，将电力用电信息采集通信的每个时间通信周期分为轮询控制上报子周期和轮询控制重传子周期两个通信子周期；两个子周期内的通信流程都采用请求—应答的控制模式。

轮询接入上报子周期的通信流程为：以某个整点时刻为标志开始，进入控制上报子周期后，主站首先通过下行信道向从站 1 发送通信请求帧，此时主站处于发送状态，从站 1 处于接收状态；当从站 1 正确接收到来自主站的通信请求帧后，从站 1 由从接收状态转换为发送状态，延迟 T 时间通过上行信道向主站发送数据响应帧；当数据响应帧到达主站，由于主站的工作方式为全双工通信模式，直接接收处理数据响应帧，并延迟 T 时间后通过下行信道向从站 1 发送接收确认帧，以确认从站 1 的数据响应帧已经被正确接收处理。以上即完成一个从站终端的数据上传通信过程，即为主站对一个从站的轮询控制通信过程。主站在正确接收完成从站 1 的数据后，将依次向从站 2，从站 3，直至从站 m 通过以上请求—应答方式完成轮询控制上报子周期通信过程。以上为正常的轮询控制通信过程，若因电力无线信道的环境、周围电磁干扰、雷电雨等因素的干扰导致下行的通信请求帧、下行的通信确认帧或上行数据响应帧丢失，需要对通信失败的从站进行重传处理，即需进入控制重传子周期内进行重传处理以保证从站终的数据完成可靠的上传到主站控制中心。

轮询接入重传子周期通信流程为：整个轮询控制重传通信流程也采用请求—应答的控制模式，具体通信过程和轮询控制上报子周期的通信流程相类似，实现数据丢失后的重传功能。若同样因电力无线信道的应用环境、周围电磁干扰、雷电雨等因素的干扰导致下行的通信请求帧、下行的通信确认帧或上行数据响应帧在轮询控制重传控制通信子周期内发生丢失，则将等到下一个轮询重传控制子周期进行再次重传通信过程；通常若从站重传通信三次都失败，将认为此数据丢失，将放弃此数据响应帧的上报操作。

自适应接入控制算法主要是基于定时上报接入方式和随机竞争接入方式，结合电力窄带物联网的应用环境特点及电力业务具体情况，在不同电磁干扰通信数据丢失率情况下在重传补数周期内自适应的选择合适信道接入控制方式。定时上报接入方式主要是基于时分复用技术将电力窄带物联网的信道通信时间轴分为若干时间片的通信周期，每个终端在相应的时间片内进行数据通信过程。电力无线通信周期分为定时控制上报周期和重传控制上报或随机竞争子周期两个子周期。

自适应接入控制算法在两个通信子周期内的通信流程分别采用定时控制接入和随机竞争接入模式；算法采用的时隙为最小时间单元进行数据接入控制，以提高电力窄带物联网的通信性能，接下来对算法进行详细的建模分析。

定时控制上报子周期通信流程，$T_{slot}=t_3-t_2$ 为通信时隙时间单元的长度。以定时标志帧为标志进入定时控制上报子周期，主站需要向所有从站进行数据通信时通过广播方式向从站发送定时标志帧，定时标志帧中包含的信息为通信时隙的长度、时隙的数量和各个从站所对应的时隙号。从站在接收到主站发来的定时标志帧后，都从接收状态转换为发送状态，并都延迟 T 时间，准备进行数据定时上报操作。具体的通信过程为：首先从站 1 依次按照顺序第一个主动上传数据，主站接收到从站发送过来的数据后直接进行接收处理，同样延迟时间 T，并通过下行信道向从站 1 发送接收确认帧，以确认数据响应帧被主站正确的接收，即一个从站定时上传数据的通信过程完成。在接下来的定时控制上报子周期内其他从站都依次按照顺序主动上传数据，以上为定时控制接入可靠正常的通信过程，若因电力无线信道的环境受周围电磁干扰、雷、电、雨等因素的干扰导致上行数据响应帧或下行的通信确认帧丢失，则需要对通信失败的从站进行重传处理，即需进入定时重传子周期或随机竞争子周期内进行重传处理以保证从站的数据完成可靠的上传到主站控制中心。

定时重传控制子周期通信流程与定时控制上传周期相类似，主站给通信失败的从站分配相应的通信时隙，从站在通信时隙内主动的上传数据响应帧，若重传失败 3 次，则视为此终端数据丢失。

随机竞争上报子周期通信流程，$T_{slot}=t_3-t_2=t_4-t_3$ 为通信时隙时间单元的长度。主站以随机标志帧为标志进入随机竞争上报子周期，主站以广播的方式向所有从站发送随机标志帧，标记帧默认时隙数为最小值 3，随机标志帧包含丢失从站的信息、重传时隙的长度等相关信息，从站接收到随机竞争标志帧后，需要进行重传操作的从站立即从接收转成发送状态，并延迟时间 T 之后，有数据需要发送的从站，如从站 1、从站 2、从站 m 则通过 S-ALOHA 接入方式任意选择 3 个时隙内的一个来发送数据，将会有可能出现三种情况：

（1）如果只有其中的一个从站选择一个时隙发送数据帧，如时隙 2 只有从站 2 选择，则主站将能正确的接收自从站的数据，重传通信过程成功地完成，从站 2 也能正确的接收到主站的接收确认帧。

（2）如果两个或两个以上的从站选择同一时隙，如从站 1 和从站 m 均选择在时隙发送请求帧，则因上行信道的数据碰撞而导致重传失败，则将等到下一个重传控制子周期在碰撞退避机制控制下进行再次随机重传通信；通常若从站重传三次失败，将放弃重传数据响应帧，视为数据丢失。

（3）如果主站发送标志帧之后，检测到 n 个时隙都有冲突发生，无法接收到从站的数据响应帧，则至少每个时隙有两个数据帧在发送，即至少有 $2n$ 个从站同时有发送数据帧，若继续发送 n 个标记帧仍然可能造成冲突，因此将标志帧的时隙数增加一倍，再次发送有 $2n$ 个时隙的标志帧，如果仍全部发生冲突，则增加到 $4n$ 个。此种方式可以显著的降低数据碰撞冲突发生的次数。

3.2.3　窄带物联网物联通信终端分析

随着智能电网中各类电力业务终端的快速发展，配用电通信网需要接入的业务种类越来越多，数目不断增长，各类业务对通信质量、接入方式要求不同，而且相互间需要安全隔离。目前，承载各类电力业务的通信技术体制多样，各业务独立配置通信和业务终端，工程布线复杂、维护困难、投资成本高，终端适应性能力和多业务安全接入能力不足。同时，各类电力业务网络带宽、覆盖、质量、接入方式等方面的无序要求导致网络重复建设和复杂运维的局面。同时，现有的各类电力业务终端接入侧多业务适应能力差，网络侧多通信制式自适应能力差，通信能力方面无法实现通信、安全和计算能力的灵活配置。因此，在当前智能电网环境下急需研制高适应性的通信终端，在业务接入侧，提供标准化的有线和无线通信接口；在网络侧，能根据业务需求灵活适配本地、远程、有线、无线、公网、专网等网络通信通道，支持单通道业务共享、多通道无缝切换及聚合和多业务安全隔离接入，支持业务接入能力平滑扩展和网络通信通道资源自适应分配，并实现对终端运行能力灵活组合、业务安全智能控制和运行状态实时监控，保障智能电网中各类业务的稳定开展。

终端包含以下 3 个方面。

（1）基于 SDN 体系架构的多模自适应通信终端。在智能配用电通信网络中，存在多媒介异构通信网络技术通过通信终端实现网络接入。为了实现多模通信终端对异构网络的自适应接入，基于 SDN 体系架构的多模自适应通信终端利用 SDN 技术架构控制和转发分离的思想，解决多模通信终端的自适应通信模块选择问题。

（2）终端柔性配置。针对智能电网业务通信终端适应性低和统一管控能力缺乏问题，基于网络功能虚拟化技术（NFV）和软件定义网络技术（SDN）相结合形成的基于 NFV 的 SDN 架构与平台，提出支撑通信终端行为管理、流量调度、流量管理、开放的安全接入控制的基于 SDN 架构通信终端能力内置柔性配置技术，支撑终端的可管理性，简化管理控制，降低维护成本，以动态灵活的柔性配置特性适应未来持续发展的应用需求，对终端进行在线状态实时监控和统一管控。

（3）终端业务隔离。电力窄带物联网业务隔离技术通过业务场景需求对电力窄带物联网进行定制化裁剪以及实现灵活的网元组网，优化电力业务流程和数据路由，使得网络资源的利用达到最优化。通过将物理资源的抽象化，并根据抽象化后的虚拟资源分配给不同的电力窄带物联网业务。

终端业务隔离实现电力窄带物联网的安全控制。当发生异常时，则阻断对应的虚拟资源，保护其他电力业务不受影响。不同虚拟网络资源可部署不同网络功能和安全服务，隔离不同电力窄带物联网终端在网络上的资源，通过访问权限的控制，更好地保证不同电力业务和电力窄带物联网业务的安全性。

3.3 面向电力业务的窄带物联网网络规划技术

3.3.1 窄带物联网频谱规划分析

传统上，频谱分配方式是为已经授权的用户提供一个固定的频谱，且这个频谱是独家享用的。虽然这种传统频谱方式在过去的几十年里一直运作良好，但是，近年来随着无线服务的激增，逐步暴露出该方式的一些缺点和问题。一方面，这种传统独占式的频谱分配方式会导致频谱资源的匮乏；另一方面，大量的授权频谱在时间和空间上均未得到充分利用。这些在时间和空间领域未使用的频谱波段，也称为频谱空穴或频谱空白，为电力窄带物联网无线通信提供定可行性。5G技术频谱应用分析见表3-12。

表3-12　　5G技术频谱应用分析

频段	描述	窄带物联网技术应用结论
230MHz	电力自有频段，覆盖广，频点宽度低	现阶段标准无法支持窄带物联网技术
470MHz	开放频段，覆盖广，频点宽度适中	自主建设窄带物联网技术适用性高，但是有监管风险
700MHz	广电公网频段，覆盖特性好，未使用	与公网用户共享，可满足电力窄带物联网深度覆盖需求，但广电尚未有该技术规划，需远期看与移动合作情况

续表

频段	描述	窄带物联网技术应用结论
800MHz/900MHz/1800MHz	移动/电信/联通公网主力窄带物联网频段，兼顾覆盖和容量，广泛部署建网	与公网用户共享，不拥有独立频段，租用情况下首选 900MHz/800MHz 作为电力业务窄带物联网接入
2.4GHz/5.8GHz	开放频段，其中 5.8GHz 频段较 2.4GHz 相对干扰较低	可用于非授权，可在半开放/封闭环境下对安全性要求较低业务使用

从实际频谱分配的情况上看，窄带物联网应用已有 230MHz 频谱的可行性不高，因此需在可合作的授权频段和可动态共享的非授权频段上展开工作。

动态频谱接入（dynamic spectrum access，DSA）是一种频谱共享模式，这种模式允许二级用户在授权的频谱带宽中获得丰富频谱空隙。DSA 技术可以缓解频谱短缺问题并且提高频谱利用率。一方面，在可合作的授权频段上，需注意干扰协调问题。另一方面，在可动态共享的非授权频段，非授权技术正逐渐兴起，其允许网络使用非授权频段，需要采用认知无线电和动态频谱共享保证可供给的频率资源质量与可用性。

3.3.2　典型场景窄带物联网单基站覆盖能力

窄带物联网的特性之一就是广覆盖，将提供改进的室内覆盖，在同样的频段下，窄带物联网比现有的网络增益 20dB，相当于提升了 100 倍覆盖区域的能力。

窄带物联网是低功耗广域（LPWA）网络的典型技术，其技术特点是广覆盖、低功耗（超长待机）、低成本与海量连接。由电磁波传播特性决定传播特性好的低频段优质频谱可以大幅减少建网成本，对于只支持频分双工（FDD）的窄带物联网系统，采用 700MHz 频段所用站点远低于 1900MHz 或 2600MHz 的站点。

窄带物联网覆盖性能主要依靠覆盖率指标、干扰类指标、重叠覆盖率来评估。窄带物联网评估体系需建立在窄带物联网单站验证完成，且相应的性能指标可支撑分析的基础上。

（1）覆盖率指标。覆盖率指综合接收场强和信干比，描述全网的覆盖情况。覆盖率＝条件采样点/总采样点×100；窄带物联网道路测试要求的覆盖率采样点须满足：RSRP≥－84dBm，SINR≥－3dB。

1）平均RSRP。参考信号平均接收电平，从参考信号平均接收信号与干扰噪声比角度，评估全网的平均干扰强度。

2）边缘RSRP。取RSRP中CDF等于5%的值，如果边缘RSRP太低，不能达到网络最低覆盖要求；如果边缘RSRP过高，小区间干扰也会严重；故窄带物联网更加重视利用边缘覆盖电平，来评估小区边缘的覆盖。

3）RSRP连续弱覆盖比例。窄带物联网连续弱覆盖里程/窄带物联网测试里程×100%，评估路测中参考信号RSRP接收功率情况，反映服务小区覆盖的主要指标；其中：弱覆盖里程的定义为持续10s且70%的采样点路段满足RSRP＜－84dBm。

（2）干扰类指标。

1）平均RS-SINR。参考信号平均接收信号与干扰噪声比，从参考信号平均接收信号与干扰噪声比角度，评估全网的平均干扰强度。

2）边缘RS-SINR。参考信号平均接收信号与干扰噪声比取CDF（累计概率分布）5%对应的值，从参考信号平均接收信号与干扰噪声比角度，评估全网各小区边缘的干扰强度。

3）连续SINR质差里程占比。连续SINR质差里程/窄带物联网测试里程×100%，评估RS-SINR质差里程；其中：SINR质差里程定义为持续10s且70%的采样点CRS-SINR＜－3dB的连续路段。

（3）重叠覆盖率。

1）道路重叠覆盖率＝重叠覆盖度≥4的采样点/总采样点×100%；重叠覆盖度指与最强信号电平差距在6dB范围内的电平数量，且最强信号RSRP＞－84重叠覆盖度≥4，即认为存在较严重的重叠覆盖情况；从参考信号平均接收信号电平角度，评估服务小区覆盖范围内强信号邻区叠加的程度。

2）重叠覆盖里程占比。道路重叠覆里程占比＝连续重叠覆盖度≥4的里程/总测试里程×100%；评估全网内重叠覆盖里程占比，一定程度上反映网络建设合理性。

3）Mod3冲突采样点比例＝Mod3冲突采样点小区数量/采样点测量到的

邻区数量总数×100%，最强信号 RSRP 门限＝－84，PCI＝3×Group ID(S－SS)＋Sector ID（P－SS)，如果 PCI mod 3 值相同的话，就会造成 P - SS 的干扰；实际网络必然中存在两邻区 PCI 模 3 无法错开的情况。模 3 会造成 CRS 信号相互干扰，使 SINR 降低；重叠覆盖和模 3 干扰同时存在，以重叠覆盖影响为主。

窄带物联网的覆盖目标是 MCL 164dB，窄带物联网的覆盖增强主要是通过提升上行功率谱密度，重复发送实现。窄带物联网独立部署，下行发射功率可独立配置，例如 20W，此时窄带物联网功率谱密度与 GSM 相同，但比 LTE FDD 功率谱密度高 14dB 左右。in - band 带内部署及 guard band 保护带内部署时，可以配置窄带物联网与 LTE 功率差，例如窄带物联网比 LTE 功率高 6dB，此时窄带物联网下行功率仍比 GSM 功率低 8dB。窄带物联网覆盖半径约是 GSM/LTE 的 4 倍，窄带物联网覆盖增强可用于提高物联网终端的深度覆盖能力，也可用于提高网络的覆盖率，或者减少站址密度以降低网络成本等。

实际在做网络规划时，需综合考虑上行速率目标、干扰余量、穿透损耗、覆盖率、物联网终端功耗等因素规划覆盖半径。窄带物联网覆盖增强可用于提升网络覆盖能力，提升覆盖率或降低站址密度以降低网络建设成本。

典型电力场景特点：

（1）城市配电网。城市区域内的工业及居民用电的 110kV 及以下的配电网称为城市配电网，一般处于电力系统的末端，具有以下特点：①城市配电网一般为沿城市市政道路沿线进行网状布；②城市配电网线路短、变压器密集、供配电客户单位复杂、分支多、负荷密度大而集中；③因日常及季节性影响，负荷峰谷差别较大，运行状态受负荷变化的影响较大；④部分商业区夜晚及居民区白天平均负荷率低，空载损耗高。以上特点决定了城区电力通信网上行数据量大，数据类型复杂。在单机站范围内，上行链路负荷大，成为限制覆盖范围的主要因素。

（2）在密集城区，单基站范围内用电情况基本相同，基站中心和边缘处数据传输量差异不大，因此需要有较高的边缘覆盖质量，单基站覆盖范围相对最小。

（3）一般城区，城区中心处用电集中，边缘处相对分散，因此单基站若选在用电集中处对边缘覆盖质量要求可降低。

（4）郊区用电特点呈零星分布，单基站范围内数据传输量相对最小，传输质量要求相对均衡，因此单基站覆盖范围相对最大。

3.3.3 窄带物联网覆盖规划模型

覆盖模型描述在城市及区域中电力窄带物联网的相关评价指标及计算方法，并根据相关指标计算得到覆盖规划的建议指标与参数，从而给电力窄带物联网的覆盖规划提供参考。

（1）覆盖规划总体指标。覆盖率指综合接收场强和信干比，描述全网的覆盖情况。覆盖率＝条件采样点/总采样点×100%；窄带物联网道路测试要求的覆盖率采样点须满足：RSRP≥－84dBm，SINR≥－3dB。

1）平均RSRP。参考信号平均接收电平，从参考信号平均接收信号与干扰噪声比角度，评估全网的平均干扰强度。

2）边缘RSRP。取RSRP中CDF等于5%的值，如果边缘RSRP太低，不能达到网络最低覆盖要求；如果边缘RSRP过高，小区间干扰也会严重；故窄带物联网更加重视利用边缘覆盖电平，来评估小区边缘的覆盖。

3）RSRP连续弱覆盖比例。窄带物联网连续弱覆盖里程/窄带物联网测试里程×100%，评估路测中参考信号RSRP接收功率情况，反映服务小区覆盖的主要指标；其中：弱覆盖里程的定义为持续10s，70%的采样点路段满足RSRP＜－84dBm。

（2）覆盖与规划流程与算法。预规划的目的是为窄带物联网的覆盖规划提出理论参考。通过信道校正、覆盖分析、容量分析3个主要部分的分析，进而提出针对基站间距、区域内基站数的理论模型。以下主要说明容量分析指标与计算方法。

1）覆盖估计。应能由单基站覆盖分析得到覆盖半径，再根据不同的基站扇区配置，进一步计算得出覆盖面积，从而得到对一个覆盖区域所需要的基站数。按照基站类型可以分类为全向站和定向站。定向站又可以分为两扇区和三扇区基站，其中两扇区基站主要用来覆盖河流、道路等线状覆盖区域，计算其覆盖面积的意义并不大。因此，至少应考虑以下三种情况的扇区配置，即全向站、三扇区定向站（三叶草）、三扇区定向站（六边形），应当能通过对比各扇区配置对覆盖面积的影响，给整体覆盖规划提供参考。

2）覆盖优化。

a. 弱覆盖优化：将道路测试中占用小区的功率提升，由之前的 29.2dBm 提升至 32.2dBm。参数修改后对该路段进行复测，占用同样小区的 RSRP 值由之前的平均−96dBm 提升到−88dBm，覆盖率有明显改善。

b. 重叠覆盖优化：GSM 网络是异频组网，过覆盖现象较为严重。窄带物联网、LTE FDD 和未来的 5G 网络均是同频网络，如果继承原有 GSM 网络结构，会导致严重的同频干扰。同时，为了面向未来 VoLTE、视频等业务的发展要求，900MHz 网络必须面向目标网重新统一规划，确保网络结构合理。窄带物联网按照同频组网进行目标网规划，初期在高干扰的局部地区可采用异频的方式规避干扰。

第 4 章　窄带物联网覆盖增强与安全接入技术

4.1　窄带物联网网络下的接口协议与信息模型

4.1.1　窄带物联网总体分层架构

电力物联网是在电力生产、输送、消费、管理各环节广泛部署具有一定感知能力、计算能力和执行能力的智能装置，实现信息安全可靠传输、协同处理、统一服务及应用集成，从而促进电网运行及企业管理全过程的全景全息感知、互联互通及无缝链接。电力物联网的总体框架包括应用层、网络层和感知层，窄带物联网统一接入的物联网架构分层如图 4-1 所示。

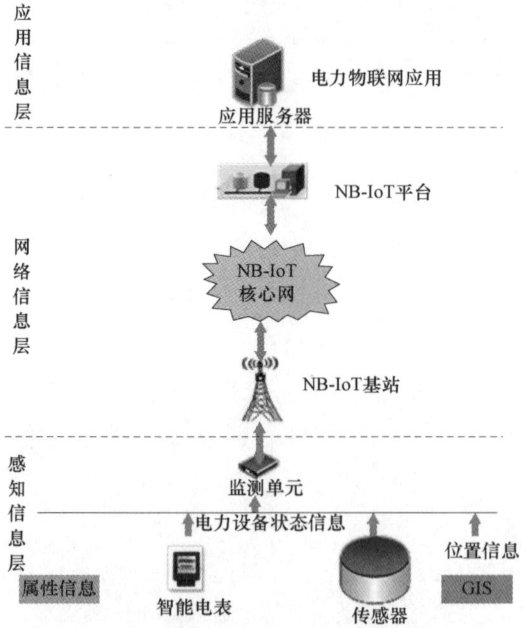

图 4-1　窄带物联网统一接入的物联网架构分层

（1）感知层。通过在输电、变电和配电的各个环节中的电力设备上安装电子标签（RFID）、智能传感器、二维码、红外感应器和激光扫描仪等信息感知设备，获取电力设备的状态信息、位置信息、属性信息等，将所有变压器、开关、线路、杆塔、电表、车辆等电力设备构成一个相互连接的大网络。感知层需要建立统一的信息感知模型，包括统一标识、统一语义和统一数据表达格式，实现各类感知设备的无缝接入，降低智能感知设备感知能耗，延长智能感知设备的生命周期。

（2）网络层。通过建立高性能的监测装置到通信网络的接入通道，完成感知层“统一信息感知模型”到网络层“统一通信规约”的自适应映射，兼容各种通信传输模式（如：光纤、电力线载波、无线通信等）。

（3）应用层。实现更深层次的资源共享和应用融合，通过数据模型标准化、接口标准化、服务组件化等改进实现数据集中存储、业务集中部署，将应用系统由部门级、业务级推向企业级转变。

此外，窄带物联网总体分层还可以概述为：

（1）终端。主要是通过空口连接到基站。终端侧主要包含行业终端与窄带物联网模块。行业终端包括：芯片、模组、传感器接口、终端等；窄带物联网模块包括无线传输接口、软 SIM 装置、传感器接口等。

（2）无线网侧。无线网侧包括两种组网方式，一种是整体式无线接入网（single radio access network，single RAN），包括 2G/3G/4G 以及窄带物联网无线网；另一种是窄带物联网新建。主要承担空口接入处理，小区管理等相关功能，并通过 S1 - lite 接口与 IoT 核心网进行连接，将非接入层数据转发给高层网元处理。

（3）核心网侧。网元包括两种组网方式，一种是整体式的演进分组核心网（Evolved Packet C 数据传输方式，EPC）网元，包括 2G/3G/4G 核心网；另外一种是物联网核心网。核心网侧通过 IoT EPC 网元，以及 GSM、UITRAN、LTE 共用的 EPC，来支持窄带物联网和 eMTC 用户接入。

（4）物联网支撑平台。物联网支撑平台包括归属位置寄存器（home location register，HLR）、策略控制和计费规则功能单元（policy control and charging rules function，PCRF）、物联网（machine to machine，M2M）平台。

（5）应用服务器。应用服务器是 IoT 数据的最终汇聚点，根据客户的需求进行数据处理等操作。

4.1.2 窄带物联网智能信息感知模型与模型实现

本小节介绍两种窄带物联网智能信息感知模型：基于云计算的窄带物联网统一信息感知模型和具有自治协同能力的窄带物联网环境感知、数据传输和集成融合的信息模型。智能信息感知用于采集电网设备运行状态参数、运行环境参数和设备身份识别信息等实时数据，此类信息感知设备主要包括 RFID 电子标签和智能传感器，它们种类繁多，数量庞大，不同厂家信息感知模式和数据规范不尽相同。智能感知设备通常采用无线方式传输数据，设备电池电量、无线带宽和传输速率受到很大限制。因此需要建立统一的信息感知模型，实现各类感知设备的无缝接入，同时减少实时传输数据的报文数，降低感知节点的信息采集传输功耗，延长感知设备的生命周期。

通过引入云计算思想，将统一信息模型中的静态部分以表单 TEDS（transducer electronic data sheets，TEDS）的形式存储在应用层云端，静态模型中包括智能感知设备固有属性参数、智能感知节点信息模型匹配机制等静态信息。动态模型主要包括智能感知节点实时动态数据和感知节点标识号，感知节点标识号主要用于自适应匹配存放在云端的节点信息模型，不同的感知节点对应应用层云端不同静态信息模型。在网络层数据通信过程中，只需传输动态信息部分，减少实时传输数据的报文数，可降低智能感知设备能耗，延长感知设备生命周期。同时采用统一标识、统一语义和统一数据表达格式来定义感知节点信息模型，各厂家需要参照统一信息感知模型标准来描述各自感知节点，实现感知层设备信息自描述，达到不同厂商同类型感知设备的模型统一及无缝交互。

由于感知层的通信资源通常受限，无法直接使用复杂的自解析传感器信息模型，一般地采用统一压缩格式化数据，该数据经统一通信规约传输至应用层，应用层根据该数据提供的地址码向编码管理组织索取该传感器的信息模型，并在汇聚控制器中存储、初始化该模型，汇聚控制器据此模型解析生成完整的传感器信息。应用服务根据统一信息模型为各类业务应用提供服务，对已安装的感知设备信息模型提供模型转换，满足各业务对统一信息模型的应用需求。

依据 IEC 61850-7-4 中的设计原则，将用逻辑设备、逻辑节点、数据对象描述的抽象模型作为整个设计思路的架构，重点结合 IEEE 1451.4 的 TEDS

(传感器电子表单)思想，实现电力物联网中感知层设备的抽象数据模型。依据IEC 61970-301中公用信息模型的基本概念，选用CIM/XML作为感知层抽象模型在汇聚控制器设备上的一种描述语言，便于与主站进行数据交换。由于传感器的电池电量、无线带宽，传输速率等限制。传感器将尽量少的变化的数据传送出去。TEDS的理念正好可以满足这样的要求。TEDS以xml文件的形式存在于应用层服务器中。TEDS不仅可以解析sensor数据，同时也可以描述传感器的其他固有参数属性。

统一信息模型分为感知层、窄带物联网网络层、应用层三层，具有环境感知、数据传输和集成融合三个特征，通过设置静态信息与动态信息格式，减少了实时传输数据的报文数，降低了NB-物联网感知/采集终端信息传输能耗，延长了电力物联网感知/采集终端的生命周期。

引入窄带物联网网络+云计算思想，将统一信息模型中的静态模型部分存储在应用层云端，当有不同厂商的传感器接入到电力现场，须按照静态模型格式要求定义传感器模型号和静态模型表单。不同的模型号对应不同的静态模型表单，静态模型表单中主要存放传感器节点固有属性，这些属性在短期内不会频繁更新。当传感器固有属性需发生改变时，则通过更新静态模型表单中属性名称和属性值，而不需要传感器实时采集和传输，大大减少电力物联网技术通过对现场电力设备状态和工作环境等信息的广泛感知和采集，拓宽感知信息源的深度和广度，实时跟踪电网设备运行和所处工作环境状况，保证电网安全稳定运行。

统一信息模型中的动态部分主要存储业务节点实时采集数据的报文格式模板，按照模板对实时采集数据解析更新，形成与数据服务系统存储格式一致的数据，最终将动态和静态信息模型中的数据合并存储到数据服务系统中供其他业务系统调用。

4.1.3　电力业务终端接入接口的适配性分析

(1) 典型电力窄带物联网业务通信终端的业务适配要求。传统配电网业务主要分为生产控制业务和信息管理业务两大类。生产控制业务主要有配电自动化系统，信息管理业务主要有计量自动化系统。随着配电网智能化、弹性化、自愈化发展，增加了一些新兴配电网业务。例如分布式电源监控、配电线路及设备的在线实时监测及数据快速采集等，此类业务通过网络监控手段，提高用户供电电能水平。

智能配电网业务主要是指配电自动化业务，用于实现对配电网运行的自动化监视与控制，具备配电 SCADA、馈线自动化、电网分析应用及与相关应用系统互联等功能。配电自动化通信系统当前主要传输数据业务，包括终端上传主站（上行方向）的遥测、遥信信息采集业务以及主站下发终端（下行方向）的常规总召、线路故障定位（定线、定段）隔离、恢复时的遥控命令，上行流量大、下行流量小，目前主站为地市集中部署。

根据以上背景，下面具体介绍两种典型电力窄带物联网业务通信终端的业务适配要求：

1）用电信息采集。

a. 接口要求。独立通信终端与用电信息采集终端之间的通信接口应提供至少 1 路 TTL 串行接口，同时应具备至少 1 路以太网接口，以太网接口应能工作在全双工模式，可支持 10/100Mbit/s 速率。独立通信终端应至少具备 1 路（如：UART、RS232 串口、以太网口、USB 等接口）有线维护接口。通信终端与 SIM 卡的接口应符合 GSM11. 11 的要求，与 SIM 卡交互数据应符合 GSM11. 14 要求。通信终端与 R - UIM 卡的接口应符合 3GPP2C. S0023 - D 的要求，与 R - UIM 卡交互数据应符合 3GPP2C. S0035 - B 要求。通信终端与 USIM 卡的接口应符合 3GPP TS 31. 102 的要求，与 USIM 卡交互数据应符合 3GPP TS 31. 111 的要求。

b. 网络管理要求。通信终端应支持安全的设备管理协议，由电力公司执行远程网络管理，远程管理宜包括设备查询、批量配置、安全管理、告警管理以及性能管理等功能。

2）电动汽车充换站。

a. 接口要求。通信终端与用电信息采集终端之间的通信接口应提供至少 1 路 RS485 串行接口，同时应具备至少 1 路以太网接口，以太网接口应能工作在全双工模式，可支持 10/100Mbit/s 速率。通信终端与 SIM 卡的接口应符合 GSM11. 11 的要求，与 SIM 卡交互数据应符合 GSM11. 14 要求。通信终端与 R - UIM卡的接口应符合 3GPP2C. S0023 - D 的要求，与 R - UIM 卡交互数据应符合 3GPP2C. S0035 - B 要求。通信终端与 USIM 卡的接口应符合 3GPP TS 31. 102 的要求，与 USIM 卡交互数据应符合 3GPP TS 31. 111 的要求。

b. 网络管理要求。通信终端应支持安全的设备管理协议，由电力公司执行远程网络管理，远程管理宜包括设备查询、批量配置、安全管理、告警管理以及性能管理等功能。

（2）满足电力业务接入的接口适配性分析。窄带物联网中，小包数据业务传输将成为其典型特征，因此对于核心网而言，基于这种小数据、短时延传输模式进行了一些协议流程方面的优化。包含以下两个方面：①基于用户面传输用户数据；②将用户数据封装在 NAS 层消息里的控制面传输方式，这种方式减少很多控制面的信令开销。窄带物联网与电力业务适配层次如图 4 - 2 所示。

图 4 - 2　窄带物联网与电力业务适配层次

窄带物联网支持 IP 业务和非 IP 业务，可采用透传封装方式，可以适配不同电力业务规约。窄带物联网接入网协议栈如图 4 - 3 所示。

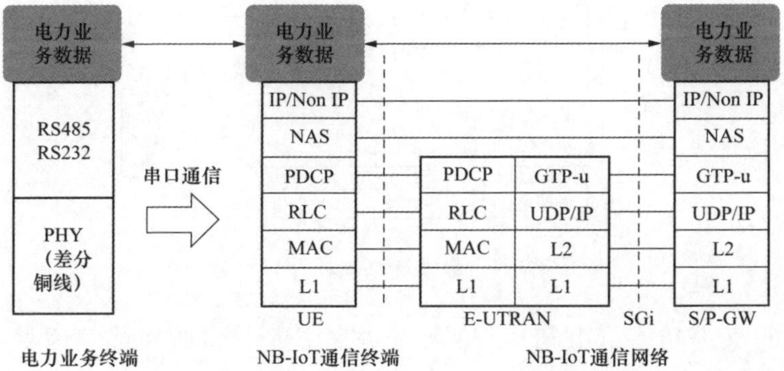

图 4 - 3　窄带物联网接入网协议栈

在应用窄带物联网进行数据传输的电力业务场景中，通过各种电力业务终端（如智能电表等）采集到的电力业务数据，可以便捷地通过串口通信与窄带物联网通信终端进行数据交互。而在窄带物联网接入网，可以采用数据包透传的方式进行电力业务数据的传送，而无须经过用户面层面进行数据包的多层拆解和封装。在核心网与应用层的电力业务主站之间的通信，同样可以基于透传的机制，达到电力业务多种数据包的适配。

电力业务终端（如智能电表等）属于感知层，需要和窄带物联网通信终端进行接入适配才能和网络进行数据的交互。一方面，窄带物联网通信终端通过Uu接口与基站通信，负责对采集到的电力业务数据信号进行调制解调、编解码；另一方面，通过接入网和核心网，将电力业务数据包传送到主站。

4.2 窄带物联网网络的覆盖评估方法和覆盖增强技术

4.2.1 覆盖性能评估方法

无线通信覆盖性能评估分析一般采用最大链路损耗（max coupling loss，MCL）的分析方法，最大链路损耗计算示意如图4-4所示。

图4-4中的无线空口路径损耗决定了上下行的覆盖范围，采用MCL的计算方法可对覆盖方位的大小进行评估，覆盖范围的评估统一为表4-1所指示的具体指标的方法。

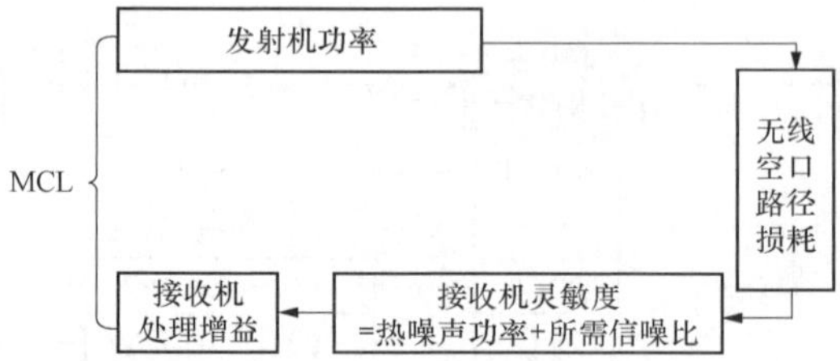

图4-4 最大链路损耗计算示意

有效的噪声功率（dBm）＝热噪声功率密度＋接收机噪声系数＋干扰余量＋10lg（占用信道带宽）。

MCL(dB)＝发射功率－接收机灵敏度＋接收机处理增益。

表 4 - 1　　MCL 评估参数

序号	参数名称	单位	数值
1	基站每 200kHz 发射功率	dBm	不同的信道取值不同
2	终端发射功率	dBm	23
3	热噪声密度	dBm/Hz	－174
4	基站接收热噪声系数	dB	3（上行），5（下行）
5	干扰余量	dB	0
6	接收机处理增益	dB	0

上述的评估方法适用于窄带物联网的各种物理信道，包括控制信道和业务信道，并且约定：①所有的控制信道的目标误块率（BLER）为 10%；②对于带内和保护带的模式，采用的功率参数会有所不同。

窄带物联网与 GPRS 的链路预算对比见表 4 - 2。

表 4 - 2　　链路预算对比

参数	传统的 GPRS		窄带物联网	
信道	下行	上行	PDSCH（带内）	PUSCH（15kHz）
数据速率（bit/s）	20k	20k	670	160
发射功率（dBm）	43	33	35	23
热噪声功率密度（dBm）	－174	－174	－174	－174
带宽（kHz）	180	180	180	15
接收机噪声系数（dB）	5	3	5	3
干扰余量（dB）	0	0	0	0
有效噪声功率（dBm）	－116.4	－118.4	－116.4	－129.3
所需信噪比（dB）	10.4	7.4	－12.6	－12
接收机灵敏度（dB）	－106	－111	－129	－141.3
MCL（dB）	149	144	164	164.3

由表 4 - 2 可知：窄带物联网比 GSM 的 MCL 高 20dB，这都可以转化为覆盖增强。

4.2.2 覆盖增强技术

根据 3GPP TR 45.820 V13.1.0 提案，窄带物联网要实现比传统 GSM 覆盖增强达 20dB，3GPP 中主要采用下述几种手段提升覆盖能力：

（1）提升功率谱密度。功率谱密度定义为发射功率/发射带宽，缩小带宽，在发射功率不变的情况下，可以有效提升功率谱密度。一般情况下，终端功率受限，因此下行覆盖通常大于上行覆盖，所以在窄带物联网中计算上行功率谱密度增益可以有效衡量由于功率谱密度提升带来的覆盖增强。

（2）时域上的重复发送。重复发送是发送方主动把一个信息包在时域上重复发送一定次数，以提高接收方解码成功率，增强覆盖的技术。窄带物联网中主要采用前者即重复发送，一次性将信道信息重复发送规定的次数，通过重复发送获得时间分集增益，从而提高了接收方解码成功率，进而提高了覆盖范围。另外，窄带物联网采用低阶调制方式，也可以提高解调性能，增强覆盖。标准中规定，窄带物联网中所有的物理信道均可重复发送，窄带物联网的信道重复次数与调制方式见表 4-3。

表 4-3　　窄带物联网的信道重复次数与调制方式

方向	信道	重复次数	调制方式
下行	NPBCH	固定 64 次	QPSK
	NPDCCH	{1，2，4，8，16，32，64，128，512，1024，2048}	QPSK
	NPDSCH	{1，2，4，8，16，32，64，128，256，512，1024，2048}	QPSK
上行	NPRACH	{1，2，4，8，16，32，64，128}	BPSK
	NPUSCH	{1，2，4，8，16，32，64，128}	QPSK

由上表可见，窄带物联网的各个信道都可以重复传输，其中上行最大重复次数为 128，下行最大为 2048。

理论上，重复一遍，覆盖增加 3dB，但速率和效率也下降一半，延迟增大。重复技术的本质是将待发送数据在时域上连续多次重传，代价是降低了单位时间内平均有效信息量，即降低了码率，换句话说是以更低的 MCS 进行数据发送，从而获取针对覆盖增强的编码增益，降低接收端解调门限 SINR 的要求。

（3）多天线增益。LTE 中使用多天线 MIMO 技术，对于天线分集，系统将会带来一定的分集增益。例如，1T2R 相对于 1T1R 会有 3dB 的接收增益，GSM 本身就是 1T2R，如果在现网中窄带物联网与 FDD 共用天线，且采用 2T4R 天线，就还会有 3dB 的增益。

由于带宽较窄，在发射功率不变的情况下，窄带物联网的功率谱密度提升将会带来 7 个 dB 的增益；通过选择合适的重复发送次数，将会得到 12dB 左右的重复发送增益；另外由于窄带物联网是基于 LTE 现网传输技术，采用多天线将会带来 0～3dB 的天线增益。即有

20dB＝7dB（功率谱密度提升）＋12dB（重传增益）＋（0～3）dB（多天线增益）。

（4）窄带物联网的重复发送技术。在窄带物联网的 3 个覆盖增强技术中，重复传输技术最为重要。在上行传输中，随机接入时，UE 首先在专属于某个覆盖等级的 NPRACH 资源上，发送 preamble 码来提示小区自身所处的覆盖增强（CE）等级，再根据得到的相应等级的 NPRACH 配置信息发送前导码，其中前导码的重复次数可设置为 1、2、4、8、16、32、64、128。

4.3 窄带物联网网络广覆盖场景下的低功耗技术

面向电力监测的低功耗广域网网络，可以实时收集传输电压、电流等电气量，以及温度、湿度等环境参数，有利于工作人员全面掌握电网运行环境，是实现电网智能化的基础，对于保障电网安全、可靠、稳定运行具有重要意义。近年来，随着能源互联网的发展，面向电力监测的低功耗广域网网络得到了广泛的关注，已成为电力通信领域研究热点之一。

4.3.1 多跳传输技术

（1）拓扑结构。低功耗广域网网络以星形网络拓扑为主，但存在树形、网状网拓扑结构。给出了树形网络拓扑结构，其中黄色节点为网关节点，负责管理和维护整个网络；节点 B 为中继节点，具有数据转发功能。

面向电力业务的低功耗广域网络拓扑如图 4 - 5 所示，包含两层网络。下层传感层采用基于低速、低功耗无线网络，将各传感节点采集到的数据汇总至无线网关，或者无线网关将控制命令、时间同步命令等发送至各传感节点，网络

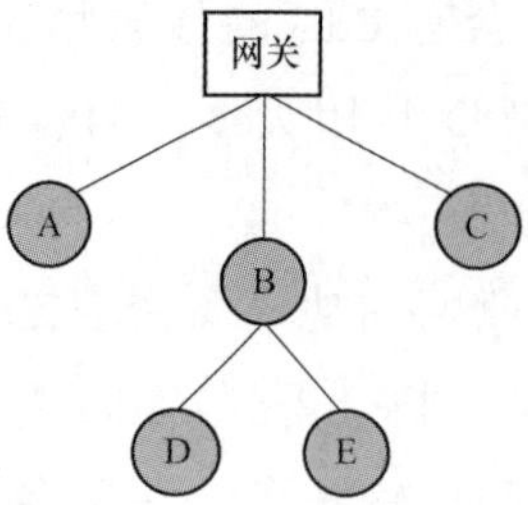

图 4-5　低功耗广域网网络拓扑

拓扑呈现星形或 Mesh 网络。

上层用来传输各种数据、控制信息，网络拓扑呈现星形或树形网络，网络采用 TDMA 信道接入方式，支持自组网。在电力窄带物联网中，上下两层网络都可以基于窄带物联网技术实现。

（2）多跳链路分组设计。为提高无线链路的鲁棒性，减少无线多跳跳数，将无线多跳链路部分分为两条链路，当其中某条链路中的多跳节点出现故障时，可以利用另外一条链路作为备份链路，保障数据传输，同时，分为两条链路，可以利用周期传输，比如在周期 T1 时间内，链路 1 传输，链路 2 不传输，有利于降低多跳节点设备的能耗。

（3）多跳链路维护方法。在输电场景应用中，无线多跳通信终端之间只能采用链式组网模式，该模式的缺点在于链路中有多跳节点出现故障，会导致多跳中断，整个链路无法继续通信。针对输电线路链式组网较为脆弱的问题，本小节提出三种多跳链路维护方法，该类方法主要解决链式通信网络的可靠性，防止网络单点失效带来的网络中断问题。

（4）节点部署及优化技术。面向电力监测的无线传感网通常由一个中心节点和若干个传感节点构成，中心节点具有骨干连接，可通过光纤将收集到的数据传输至系统主站。传感节点集采集、数据处理、通信功能与一体，采集单元用于感知、获取监测区域内的信息；数据处理单元负责存储和处理所采集的数据，将其转换为数字信号；通信单元负责与其他传感节点进行通信，交换控制信息和收发采集数据。由于传感节点的位置受制于所监测量点的位置，与中心节点的距离有远有近，对于距离中心节点较远的一个或一簇传感节点来说，很容易形成通信“孤岛”。

针对上述问题，通过一种基于最短路径的中继部署的算法（the relay deployment algorithm based on the shortest path，RDASP），该算法利用节点的覆盖范围不断调整中继部署路径的方向，减少跳数的同时兼顾中继个数。

通过模拟不同的拓扑结构使网络出现指定个数的分区，本次仿真选用的性能指标为单个节点的平均跳数、部署的中继节点个数。显然，单个节点的平均跳数越少，意味着网络的实时性越高；在保证网络连通情况下，使用中继节点的个数越少就越节省成本。

4.3.2 节点休眠技术

为了节省能耗，电力应用场景下的低功耗广域网通常采用休眠机制，在休眠期，除了已经成功申请在非活跃期进行通信的设备外，其他设备均将进入休眠状态，直到本超帧结束。

（1）休眠节点唤醒与组网。具有休眠机制的无线传感网络节点安装好后一般都处于休眠状态，每个节点都在一个随机的时间点醒来。节点苏醒后的第一步是搜索其通信范围内存在的网络。如果找到网络，节点根据所获取的网络信息，选定一个网络协调器提出入网申请，并等待协调器的响应。如果没有找到任何网络，节点将自己申明为网络协调器并建立网络。网络协调器收到入网申请后，将根据请求信息做出是否允许节点加入网络的判断。若允许加入，协调请将发出请求响应，告知加入节点。加入节点收到请求响应后，将获得协调器分配给它的一个网络地址（也就是短地址）作为网络内的唯一身份标识。具有休眠机制的无线传感网络节点组网流程如图 4 - 6 所示。

（2）信道调度技术。电力应用场景下的低功耗广域网一般情况下节点个数较多。竞争信道接入技术实现简单，但在节点个数较多时性能会急剧下降，不利于保证业务的服务质量。因此，电力应用场景下的低功耗广域网宜采用确定性时间调度技术，如 TDMA 技术，用来实现信道资源的最大利用。然而，由于节点个数多，单个节点分配到的时隙资源较小且分配间隔较长，完全采用 TDMA 技术不利用传输节点突发的、紧急的业务。

由于信道的时变性，网络拓扑结构可能发生变化，其需具备自组网功能，存在部分失联节点需要主动上报其失联信息并主动发起加入网络请求。此外，当某些传感节点感知到异常信息时，也需要主动上报。因此，电力应用场景下的低功耗广域网还应适当考虑竞争信道接入技术。

鉴于此，面向电力复杂电磁环境的低速、低功耗短距离工业无线网络信道调度技术以确定性信道调度技术 TDMA 为主，以竞争接入技术为辅。本小节基于超帧结构研究网络信道调度技术，电力应用场景下的低功耗广域网超帧结构如图 4 - 7 所示，网络超帧结构包括信标期、活动期和非活动期三部分。

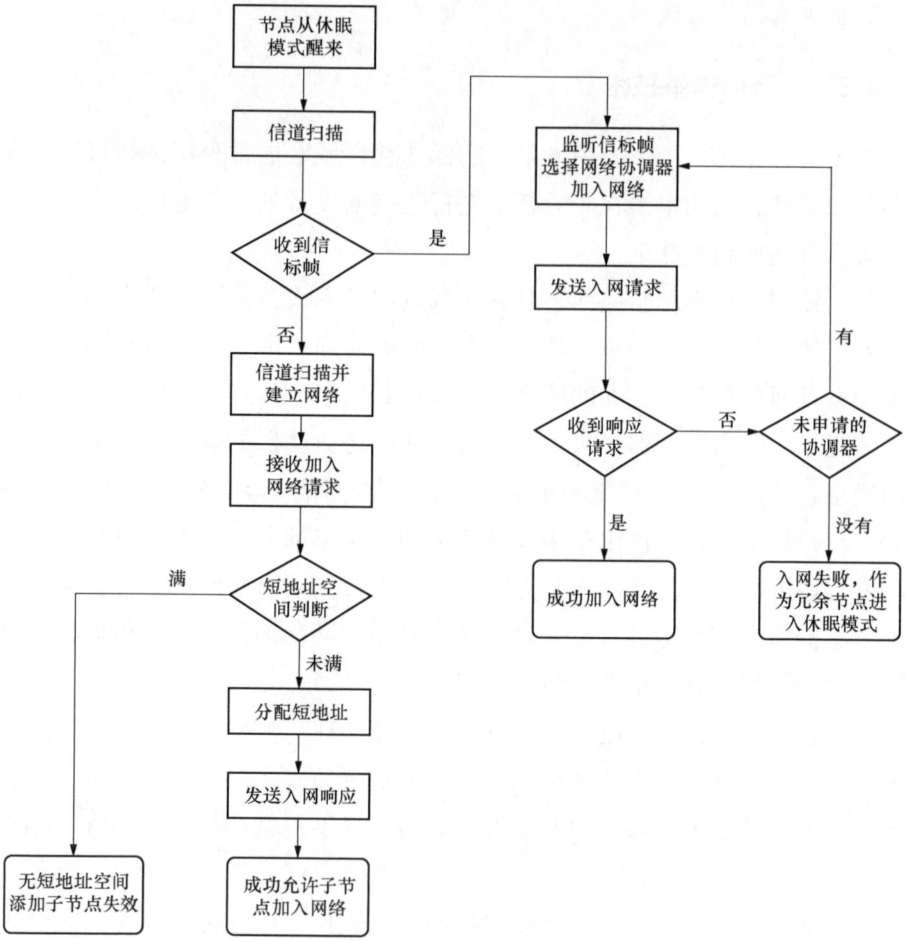

图 4-6　具有休眠机制的无线传感网络节点组网流程

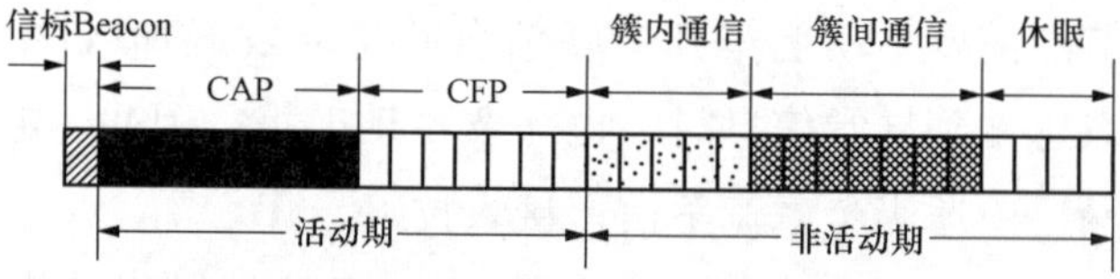

图 4-7　电力应用场景下的低功耗广域网超帧结构

1）信标期包含 1 或多个信标，分别分配给网关节点和路由节点。其中第一个信标固定分配给网关节点，且其携带的信息说明了本次超帧的结构。

2）活动期包含竞争接入期（contention access period，CAP）和无竞争期

（contention - free period，CFP）两部分。CAP 长度相对较短，主要采用 CSMA - CA 算法，用来传输注册请求、告警等主动上报信息。CFP 包含多个时隙，每个时隙分配给特定的传感节点，在该期间内，传感节点独享信道。此外，由于传感节点较多但一个超帧内 CFP 的时隙个数有限，并不是每个传感节点在一个超帧内均能分配到 CFP 时隙。

3）非活动期为休眠期，用来节省传感节点的能量。在非活动期中，多有节点都处于休眠状态。

当存在多个不同的网关设备时，不同网关设备构建的网络通过采用不同的信道来实现共存。当信道数量不足时，不同网关设备构建的网络通过时分复用方式来实现共存。简言之，假设某个区域存在由 R1、R2、R3 等 3 个网关设备构建的网络时，这三个网络的活动期可以采用不同的信道，或者通过将这 3 个网络的活动期在时间轴上依次排开来保证他们之间不会产生互干扰。

4.3.3　无线链路节能技术

窄带物联网功耗小、速率低，适用于各监测节点的数据采集、少量控制命令的传输。为了实现对电力环境全面、实时的监测和控制，需要布置大量不同类型的传感节点，当大量传感节点数据汇聚到一起传送至主站时，需要综合考虑节能和可靠性的要求，研究适用于电力广覆盖场景下的无线链路节能技术。

（1）多跳节点的功率控制。正常使用情况下，考虑到状态监测数据的周期性传输特点，各多跳节点对采集的感知数据进行缓存，到达自己的传输周期时进行转发传输，而且，为降低多跳节点之间的无线干扰，多跳节点面向不同的通信对象采用不同的功率控制方法，当多跳节点与其覆盖范围内的各类传感器装置进行通信时，多跳节点控制发射功率，只覆盖其关联的无线传感装置范围，以免对相邻的多跳节点覆盖范围的无线传感装置造成干扰，多跳节点收集覆盖范围内的各类状态感知数据，并缓存在本地；当多跳节点进入自己的传输周期时，停止底层感知数据的汇聚，提高发射功率，扩大覆盖范围，与同条链路中的相邻多跳节点建立多跳连接通信。

（2）基于虚拟 MAC 层的网络融合机制。在电力窄带物联网应用场景中，上下行业务要求不一致，感知层、业务层的协议也存在差异，并采用超帧机制实现低功耗。因此，网络融合的关键是在网关设备处的融合。采用基于虚拟 MAC 层的网络融合机制，基于虚拟 MAC 层的网络融合机制如图 4-8 所示。

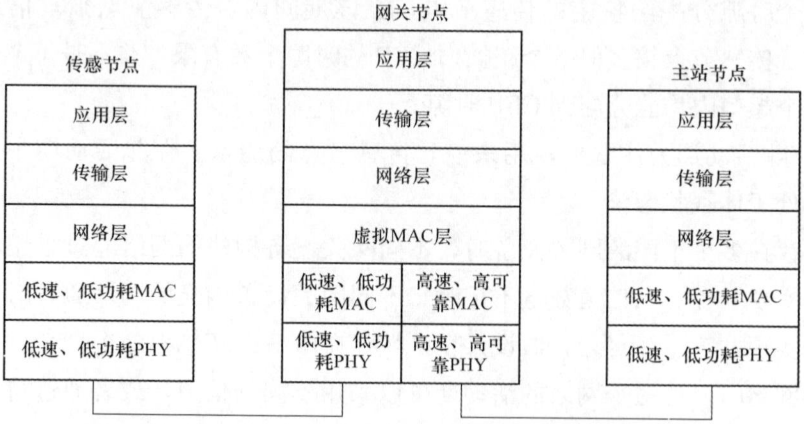

图 4-8　基于虚拟 MAC 层的网络融合机制

从图 4-8 可以看出，网关节点在传统协议模型的网络层之下增加虚拟 MAC 层功能，屏蔽使用不同传输体制对网络层及以上带来的差异。

第5章　基于窄带物联网的电力物联网终端管理

5.1　窄带物联网终端管理系统

5.1.1　总体架构

（1）总体技术路线。在系统总体技术路线上，可以从系统整体的技术选型、部署模式、开发平台、中间件和数据库多方面进行说明总体采用的技术路线，架构决策见表5-1。

表5-1　架构决策

分类	选型原则
技术选型	网管服务器开发采用JavaEE技术规范（JavaEE规范采用5.0以上版本，JDK采用1.5以上版本）； 网管客户端实现Web应用程序、RIA应用程序等实现技术，采用成熟界面展现技术，如HTML、JSP、Flex、ActiveX控件等
部署模式	接入网关部署在覆盖区域的各个接入节点上；接入服务器和网管服务器部署在配电网的调度、控制、营销和管理中心
开发平台	开发工具采用Eclipse，版本控制采用SVN
中间件	Tomcat
数据库	数据库采用MySQL5.5
开源软件	无

（2）架构概览。窄带物联网终端管理系统是对接入网络的各个组成部分进行统一管理的软件系统，它通过一系列的相关软件和设备相互配合来实现管理功能，建设的具体内容是覆盖告警管理、资源管理、安全管理、性能管理等各

个方面。

网管的监测功能始于接入网关上送的网关信息，其基本数据流向可以描述为以下几个过程：①接入网关将现场终端的业务数据适配到承载网络，提供承载网络资源管理，协助承载网络资源调度的设备，它的内部网管模块通过带内或带外的方式将网管信息传送到接入服务器；②接入服务器根据一定的规则实现将接收到的网管信息分发到网管服务器；③网管服务器将接收到网管信息进行必要的分析、分类、处理后存入数据库中供网管客户端使用。

网管服务器的配置功能始于网管客户端，通过用户界面的展示，管理人员根据实际的需要配置、检测各种物理资源，完成在线下载配置，系统的版本更新管理等各种功能。窄带物联网终端管理系统架构部署如图 5-1 所示。

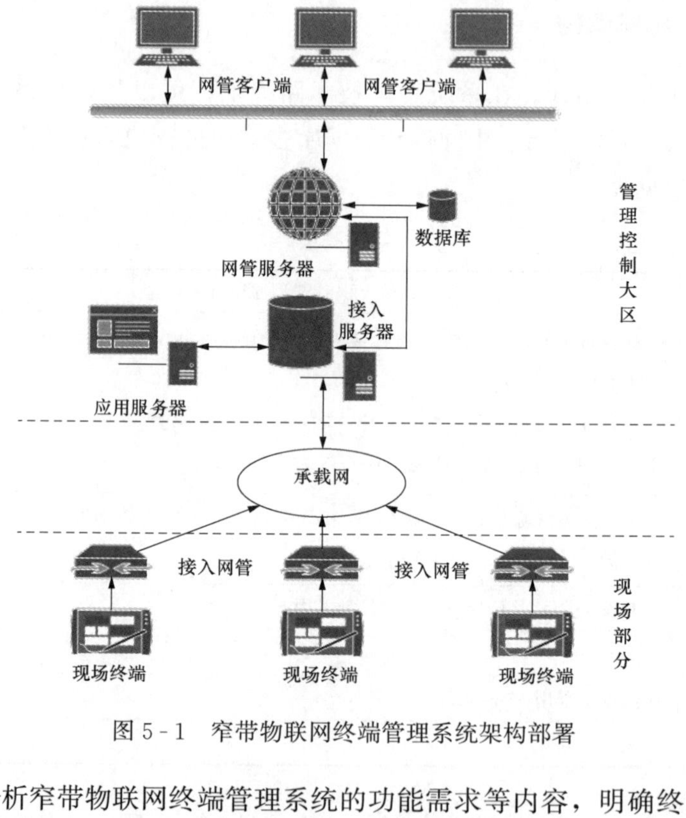

图 5-1　窄带物联网终端管理系统架构部署

通过分析窄带物联网终端管理系统的功能需求等内容，明确终端管理系统的功能点，其次设计窄带物联网终端管理系统的软件系统架构，最后对终端管理系统的功能进行软件实现。

针对窄带物联网终端管理系统的功能要求，对各功能点进行细分，设计各具体功能点的内容。配置管理包含配置导出、批量配置、参数查询等内容；告警管理包含告警操作台、历史告警列表、告警知识库等内容；性能管理包含性能实时监测、历史查询和统计、性能任务管理、性能阈值管理等内容；升级管理包含远程升级、升级策略等内容；设备监控包含运行状态统计、数据图表展示等内容；日志管理包含终端日志下载、终端操作日志等内容。

终端管理系统要实现告警管理和诊断的功能需要满足以下要求：①能够监控终端的运行状态和终端能够主动上报告警信息；②系统快速定位终端设备并对其进行故障分析和诊断；③设计性能实时监控功能，实时监控终端的性能指标；④历史性能数据统计和查询功能，使得系统可显示终端历史性能曲线图、历史性能数据表显示、导出等功能；⑤设计性能任务管理功能，可创建性能任务，对特定终端后台进行指定时间的性能数据监控；⑥设计性能阈值管理功能，可针对不同的性能参数，设置告警阈值门限，在性能恶化时生成告警提示信息。

5.1.2　业务架构

窄带物联网终端管理系统需要实现对网络中的各个组成部分进行资源监测、资源配置和资源管理，因此，可以从这三个方面进行业务域的划分，如图 5-2 所示。

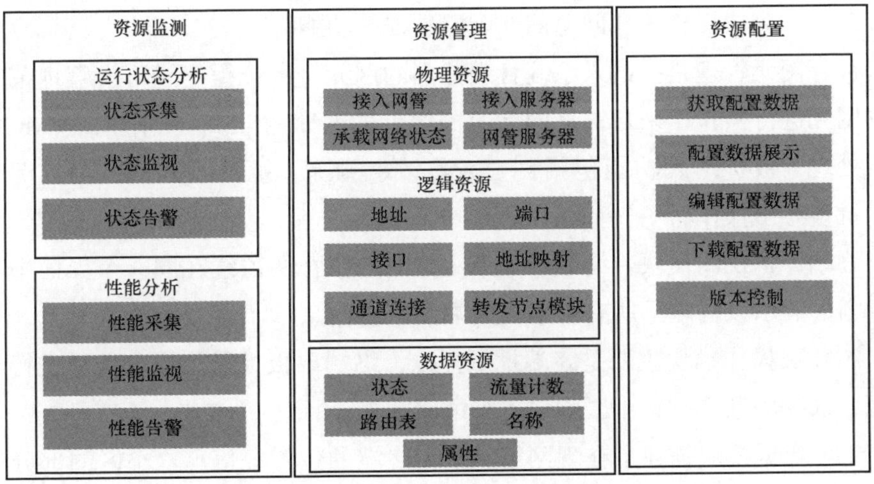

图 5-2　窄带物联网终端管理系统业务架构

（1）资源监测主要包含终端设备、网管系统本身的运行状态以及各项性能的分析与监测。运行状态分析主要是指状态的采集、监视、告警；性能分析主要是指性能采集、监视、告警。

（2）资源配置主要包含各类设备的配置项以及相应的软硬件版本信息的读取与控制，即获取、显示、编辑、下载配置数据及版本控制等。

（3）资源管理主要包含物理资源、逻辑资源以及数字资源。物理资源主要包含接入网管、接入服务器、承载网络状态、网管服务器等；逻辑资源包含 IP 地址、端口、各类接口、地址映射、通道连接、转发节点等；数据资源主要包含状态、流量计数、路由表、名称、属性等。

5.1.3 应用架构

应用架构承接业务架构，对业务架构进行细化分析，提炼出对应的应用功能，形成应用功能蓝图，为后续数据架构设计提供必要的指导和输入。因而，在窄带物联网终端管理系统业务架构的基础上抽取应用模块和应用组件。

配置管理功能模块包括被管网元管理、系统 FTP 管理、网元数据同步、配置数据、配置状态数据、批量操作、新建小区等业务。配置管理功能主要负责全面动态地管理全网所有网元设备硬件和软件的配置数据，呈现设备工作状态，以图形、文字等形式显示配置相关的各类信息，并且具有查询、编辑、删除、备份、合法性检查和回退网元配置数据等功能。

被管网元管理是指纳入系统管理范围的网元，系统拒绝对再次管理范围之外的网元进行操作，来自被管网元范围之外的网元的 Trap 和请求等 eMOC 将不予处理。被管网元功能包括创建、修改、删除、批量删除、查询、批量导入、批量导出操作。

终端设备视图模块，终端的板卡示意图与拓扑图占线在同一个界面中，更加清晰的展示该终端下所有板卡及终端的状态信息。

Action 操作模块主要是终端批量复位、终端单板批量复位、批量进行小区重配、系统信息更新、小区删建、小区闭塞/解闭塞。

工程数据模块描述了在现网组网中，终端的位置等信息，小区的部分信息无法从设备上提取，为了支持拓扑布局的需求或者工程需要，通过用户手工输入相应工程数据的信息。

告警监视及故障管理：故障管理主要监视和处理被管理设备在运行中产生的告警，在系统发生故障或失效时进行诊断上报告警，及时通知用户以便尽快排除网络故障。

性能管理模块是性能管理负责采集基站设备的性能指标，并把这些采集到的指标存入数据库，提供查询、统计导出功能。通过设置任务查询和实时监控，用户可以据此进行网络性能的配置和优化。

系统管理模块包括账号管理、角色管理、会话管理、子网管理、日志管理等功能。

5.1.4　数据架构

（1）数据分类。通过对窄带物联网终端管理系统全面的数据资源分析，结合应用架构，确定系统数据架构，切实提高数据的及时性、完整性和准确性。具体数据分类可以将物理资源、逻辑资源和数据资源作为一级主题域和将接入网关、接入服务器、网管服务器、承载网络状态、地址、端口、接口、地址映射、通道连接、转发节点模块、状态、流量计数、路由表、名称、属性作为二级主题域，相关主题域定义见表 5-2。

表 5-2　相关主题域定义

序号	一级主题域	二级主题域	二级主题域定义
1	物理资源	接入网关	描述接入网管的参数
2	物理资源	接入服务器	描述接入服务器的参数
3	物理资源	网管服务器	描述网管服务器的参数
4	物理资源	承载网络状态	描述承载网络状态的参数
5	逻辑资源	地址	描述地址的类型及相关参数
6	逻辑资源	端口	描述端口的类型及相关参数
7	逻辑资源	接口	描述接口的类型及相关参数
8	逻辑资源	地址映射	描述地址映射信息
9	逻辑资源	通道连接	描述通道连接信息
10	数据资源	状态	描述运行状态、性能
11	数据资源	流量计数	描述数据流量
12	数据资源	路由表	描述路由信息
13	数据资源	名称	描述名称
14	数据资源	属性	描述相关属性

窄带物联网终端管理系统数据分为基础数据、系统业务数据、动态采集数据、横向协同数据等，窄带物联网终端管理系统数据架构如图 5 - 3 所示。

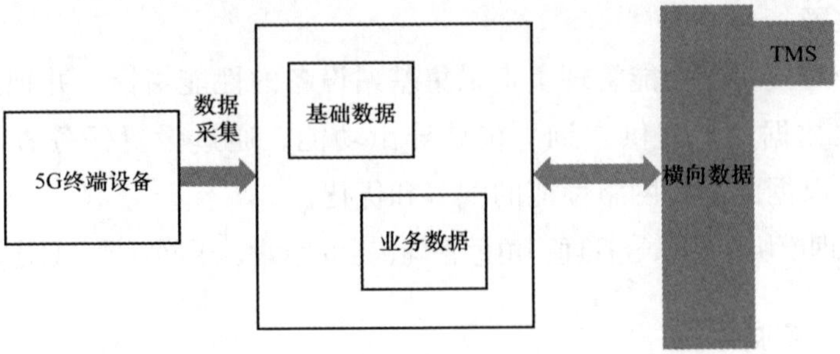

图 5 - 3　窄带物联网终端管理系统数据架构

（2）数据流转。

1）系统外部流转。移动终端管理系统外部数据流关系为：安全接入网关，数据交换系统和各类终端，具体见表 5 - 3。

表 5 - 3　　数据流转清单

交换数据实体	源系统	目标系统
设备资产数据	安全接入网关	移动终端管理系统
设备资产数据	数据交换系统	移动终端管理系统
各类终端数据	移动终端	移动终端管理系统

2）系统内部流转。窄带物联网终端管理系统各功能应用间的主要数据流，如图 5 - 4 所示。主要数据流转关系详细描述如下：①组织机构信息、人员信息和设备资产信息提供三种之间关联关系；②PC 终端和移动终端产生告警信息、执行策略、移动终端下发应用信息；③由策略管理、告警管理、应用管理形成关键数据提交移动终端管理系统视图分析和展现。

（3）数据存储及处理。窄带物联网终端管理系统的数据存储与处理主要依赖于关系数据库（MySQL）。关系数据库，是建立在关系数据库模型基础上的数据库，借助于集合代数等概念和方法来处理数据库中的数据，同时也是一个被组织成一组拥有正式描述性的表格，该形式的表格作用的实质是装载着数据项的特殊收集体，这些表格中的数据能以许多不同的方式被存取或重新召集而不需要重新组织数据库表格。目前关系数据库是数据库应用的主流，许多数据

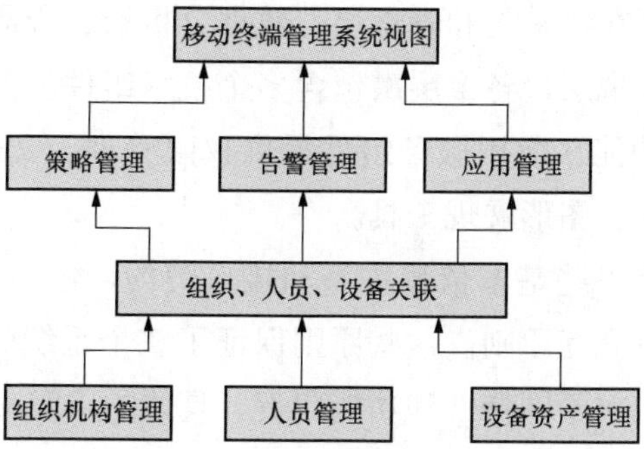

图 5-4　数据内部流转示意

库管理系统的数据模型都是基于关系数据模型开发的。关系数据库具有据集中控制、数据独立、数据共享、减少数据冗余、数据结构化、统一的数据保护功能等特点。

5.1.5　技术架构

技术架构为了支撑业务、应用、数据，从业务需求出发，依据对窄带物联网终端管理系统的业务架构、应用架构、数据架构的分析与设计，进行了系统技术组件的划分，系统技术组件如图 5-5 所示。

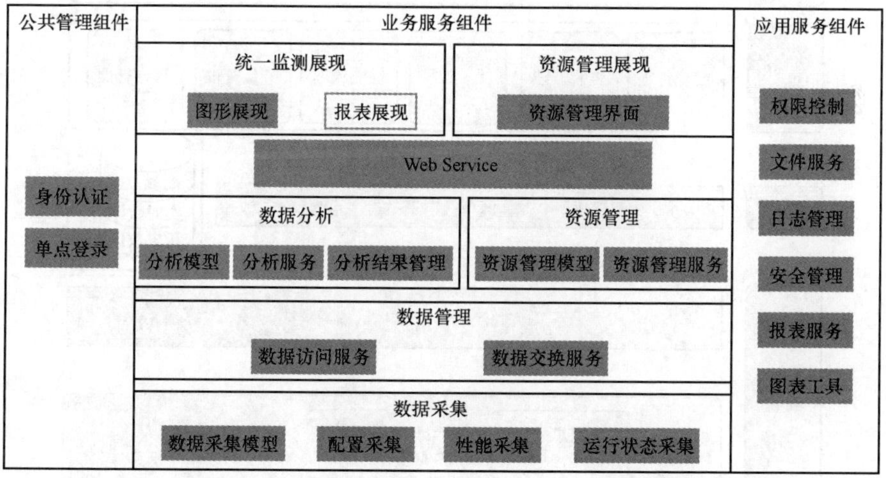

图 5-5　窄带物联网终端管理系统技术组件

技术组件包括业务技术组件、公共管理组件和应用服务组件 3 个部分，其中业务组件包含数据在线采集和管理层、数据分析层、资源管理层、统一监测展现层和资源管理展现层，各个层次包含多个技术组件。公共管理组件包括身份认证和单点登录功能。应用服务组件提供权限管理、文件服务、日志管理、安全管理、报表服务、图形展现工具。

每个层次需符合一些基本依赖关系和接口契约，包括自上而下依赖原则、松散交互原则和接口交互原则。这些原则保证了整个系统的灵活性、扩展性和可测性。根据每个层次不同特性和功能职责，具体的层间交互规则如下：

（1）统一监测与展现层、资源管理展现层与数据分析层和资源管理层通过 WebService 服务调用，基于 XML 完成服务的调用与数据交互；

（2）数据分析层、资源管理层与数据管理层间通过内部方法调用，基于紧耦合的方式完成方法调用与数据交互；

（3）数据管理层与数据采集层间通过内部方法调用，基于紧耦合的方式完成方法调用与数据交互。

通过架构分析，整个终端管理系统的系统架构应包括展示层、功能应用层、平台层和终端交互层几个层次，窄带物联网终端管理系统技术架构如图 5-6 所示。

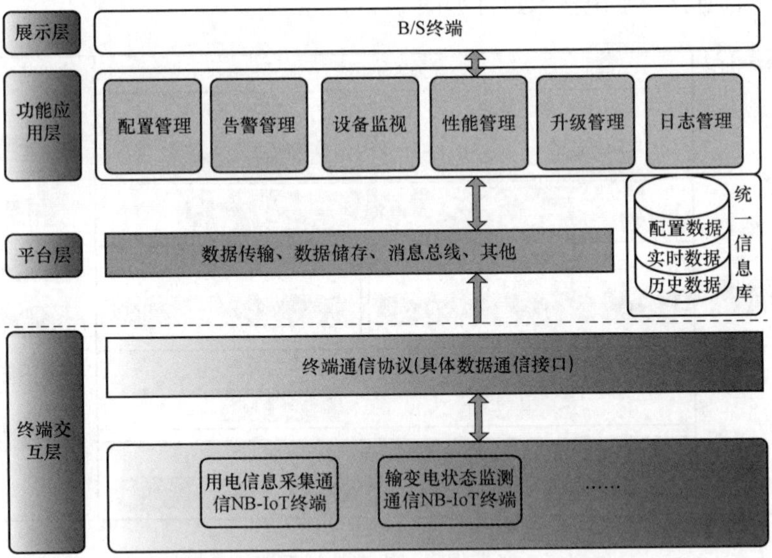

图 5-6　窄带物联网终端管理系统技术架构

展示层应基于 B/S 架构，实现深度的终端运行信息全方位展现，丰富展现内容，实现更为直观、友好、互动的多样化展现体验。提供终端运维管理操作的统一入口，实现针对不同管理对象的不同视图，具备视图的灵活、自定义功能。

在前端采用软负载，来实现应用服务的横向动态扩展，可根据系统的运行情况增强系统的服务能力和响应速度，后台服务通过集群架构的设计，满足管理终端数 10000 台的目标；开发配置管理、告警管理、设备监视、性能管理、升级管理、日志管理等功能，满足终端运维的需求。

为具体应用的运行提供了基础的各种服务，包括消息总线、权限管理、HTTPS 安全访问、管理证书认证、管理数据加密等方面的服务，用来实现对各种不同应用的支撑；同时平台层可提供统一的标准化外部接口，供外部系统调用和接入。

通过制订终端管理交互协议，实现与终端之间的管理数据交互，协议数据解析等功能。终端侧的协议栈实现能够支持配置及性能数据主动上报、接受查询指令并响应、接受设置指令并响应、终端支持远程升级、告警信息上报、支持配置文件备份、终端日志上传等多种功能。

5.2　电力多业务接入的窄带物联网终端

5.2.1　多形态、微型化无线通信模块

在性能上本终端模块要支持电力集抄系统的多形态微型化（采集器、集中器、智能电表及）电力物联网工作场景，着重解决几个问题：用户接口、体积、功率能满足电力物联网业务需求。

在技术实现上要满足用电信息采集的特定应用场景，低移动特性、覆盖范围及工作 UE 事先预知。要解决终端产品的多形态样机、开发技术路线及技术方案；解决终端产品的低功耗与小型化及终端的产业化。

在性能上本终端模块要支持配用电业务的多形态微型化（采集器、集中器、智能电表及）工作场景，着重解决几个问题：用户接口、体积、功率能满足 Q/GDW 375.1—2009《专变采集终端型式规范》、Q/GDW 375.2—2009

《集中器型式规范》、Q/GDW 375.3—2009《采集器型式规范》等用电信息采集规范。

在技术实现上要满足电力物联网的特定应用场景，低移动特性、覆盖范围及工作 UE 事先预知。

（1）终端产品形态。通信模块是终端的基础设备形态，为在移动环境中的用户提供通信业务功能集中的所有特性；可以进行电力行业相关的各种数据通信；网内还可以支持非移动状态下使用的固定位置通信模块，其业务功能主要用户数据采集，监控以及环境检测等物联网应用。

多用户 CPE 是广域覆盖低成本的宽带无线接入系统用户的接入设备；采用多用户 CPE 终端形态可以节约广域覆盖低成本的宽带无线接入系统的建设和使用成本。多用户 CPE 终端与基站之间无线连接，同时与多个通信用户终端相连。连在一个多用户 CPE 上的用户之间可以不经过接入基站系统进行互通。

此外，针对不同应用的场景需求，多用户 CPE 还要针对防水、防尘、防爆等安全防护能力等约束条件进行有针对性的设计，从而衍生出多种产品形态。

（2）终端技术路线。在开发与整合终端应用模块和通信模块的同时，更进一步控制各种形态终端的整体成本、体积、功耗、天线配置能力等性能指标；进一步提高终端的易用性和可靠性；并针对行业应用的特殊性和差异性，优化终端接口、及各子系统和子模块的形态；对终端绿色节能的要求在这一阶段将实际体现到产品中，即对终端的供电模块，功耗控制模块等子模块做特别优化。各形态终端将配合接入设备和交换控制平台设备进行规模试验验证，验证全系统组网和指挥调度能力。

（3）终端技术方案。终端设备根据不同应用要求需要支持多种特性。如：支持室外安装、多用户利用无线或有线方式宽带接入；支持集群通信；支持车载；支持视频监控等形态。子系统架构设计时，将终端设备分成通信模块和应用模块，分别开发，以提高产品的开发效率。

通信模块完成对空口信号的收发通信，接收接入子系统发送的无线信号，进行解调译码等基带处理，并根据协议对接收数据进行处理；同时将需要发往终端的数据进行编码调制并通过天馈子系统发射。

通信模块除负责完成无线通信功能外，还包括 USIM 卡模块和加解密模块，这两个模块用以保证系统对终端的鉴权和加密。

应用模块为用户提供各种有线或无线接口，以及支持不同业务需求的多种接口，RJ - 45 接口用以有线链接，SMA 接口用以无线连接等。

（4）终端子系统软件架构。终端设备软件架构采用分层设计的原则，系统架构分为操作系统层，支撑软件层和应用软件层。终端软件逻辑框图如图 5 - 7 所示。

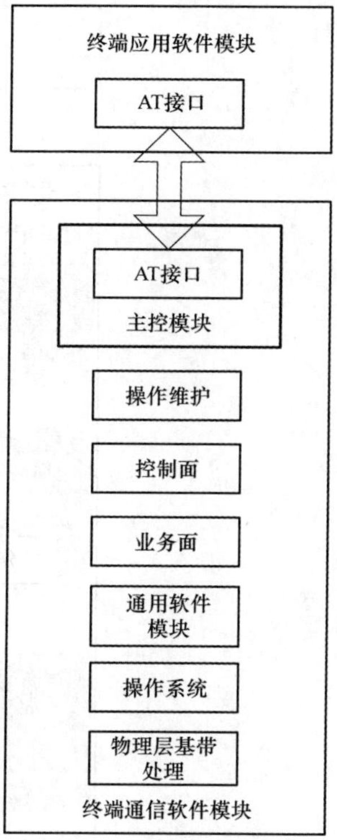

图 5 - 7　终端软件逻辑框图

NAS 模块支持：控制、认证、附着、TAU 消息处理等。RRC 模块对无线连接、寻呼消息管理、终端空闲和连接状态的测量以及移动性管理、系统信息更新、与主控模块交互以及消息跟踪管理。加密卡接口模块根据加密卡接口协议完成与加密卡数据的通信，实现信息的加解密和密钥的管理。

业务面模块原理示意图如图 5 - 8 所示。

（1）PDCP 模块负责完整性保护；数据压缩/解压缩；加/解密等功能；

（2）RLC 模块负责处理 AM/UM/TM 模式数据传输；数据包分段串接及重排重组等功能；

（3）MAC 模块负责 HARQ、复用解复用、用户组呼数据以及随机接入的处理功能；

（4）主控模块负责接收 TE 的 AT 控制命令，向协议模块提供控制信息，指示协议模块发起相应的业务，向 TE 报告处理结果；接收 TE 的业务数据 IP 包，传输给对应的 PDCP 实体，处理 PDCP 发送过来的业务数据传输给 TE；并能提供一定的测试功能。

5.2.2　电力多业务接入的无线通信终端

基于模组（system on module）技术的窄带物联网通信终端，针对不同电

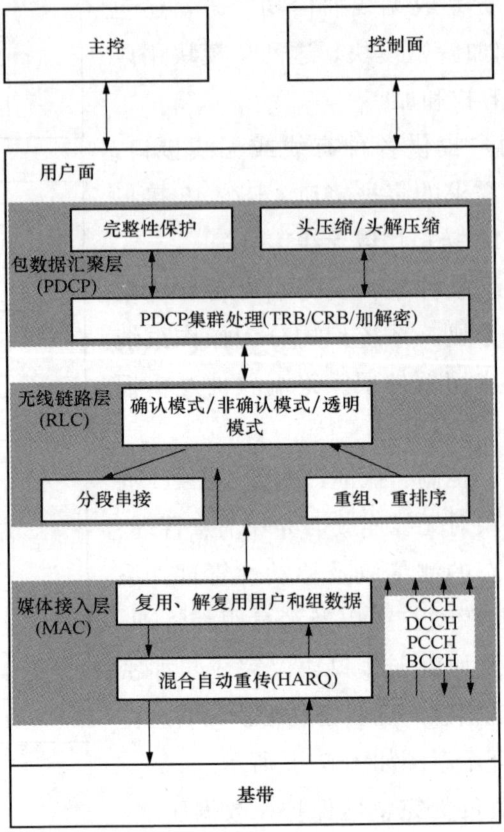

图 5-8　业务面模块原理示意图

力业务，设计不同的通信接口、供电方式、物理封装形式等；整体研究过程可分为芯片模组选型、硬件设计实现、软件设计实现、设备调测及上线试运行等步骤。

现有的通信终端均采用将射频功能模块与处理器、存储器、以太网相关芯片以及 UART、USB、SPI 等本地通信接口相分离的技术策略，这种开发方式存在研发周期长、终端体积大，且功耗比较大的问题。

对现有的窄带物联网通信模组进行改进，将处理器、存储器、以太网芯片及本地通信接口单元与基带、射频硬件电路集成到一起，使模块成为一个相对完整的系统，模组的高度集成能够显著的降低功耗，达到终端低功耗的要求。SOM 通信终端架构如图 5-9 所示。

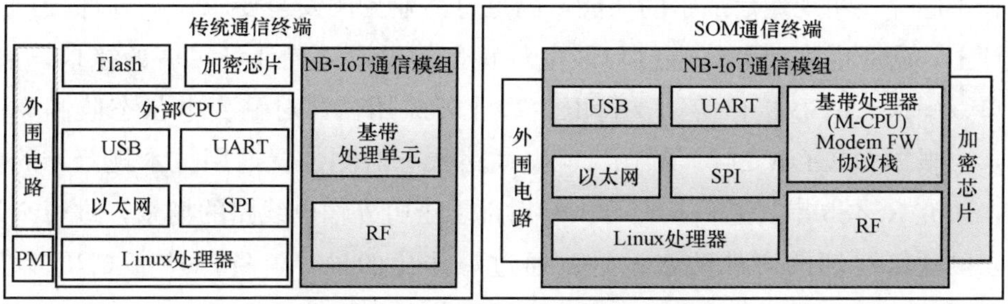

图 5-9　SOM 通信终端架构

目前市场上的窄带物联网模块厂商如 ZTEWeLink 的模块，在接收信号灵敏度指标上能够达到－130dBm，满足终端信号灵敏度的要求。该模块能够提供最大 250kbit/s 上行速率和 220kbit/s 下行速率，能够很好地满足终端峰值速率的要求。

华为的窄带物联网模块在功耗及接收信号灵敏度上也均能够满足终端灵敏度、峰值速率对应的指标。且模块存在对应的休眠机制，待机电流 μA 级。可以有效地降低终端的功耗。

芯讯通推出的 SIM7000c 系列模组，基于高通 MDM9206 芯片，支持窄带物联网/CAT - M1/GPRS 等多种制式和频段，上下行数据流量峰值达到 375kbit/s，并采用 SMT 封装，其性能稳定、外观小巧、性价比高、极低功耗特性，能满足电力应用的多种需求。

综上所述，通过对现有市场上芯片模组厂家的产品进行比较选型，基本上都能满足电力窄带物联网终端的指标要求。

开展窄带物联网终端硬件设计，根据用电信息采集远程通信模块和输变电状态监测的相关规范，其硬件构成主要包括窄带物联网通信模组、SIM 卡槽、网口、加密芯片、排针、电源接口、指示灯等部分组成。

窄带物联网通信终端软件架构主要包括底层软件和应用软件；底层软件主要为硬件驱动和网络协议等构成，应用软件主要应遵循 Q/GDW 1376.3—2013《电力用户用电信息采集系统通信协议　第 3 部分：采集终端远程通信模块接口协议》，通过开发专用通信协议栈，实现与用采终端专用 AT 命令的功能，完成窄带物联网通信终端与用电信息采集业务终端之间的通信。

模块的休眠机制可实现休眠电流 20mA 以下的要求；通过内置国密算法硬

件加密芯片，实现通信加密的功能，满足电力业务的安全要求；在外部接口的设计上，研究电力业务终端接口及电气特性等，设计灵活可扩展的接口，如：网口、串口、USB 接口等，支持电力多业务应用；针对输变电状态监测类业务，应根据 Q/GDW 242—2010《输电线路状态监测装置通用技术规范》的要求，研究 RS485 串行通信接口等。针对部署于野外输电线路的场景，进行窄带物联网通信终端的户外防水设计；通过一体化的设计，省掉外部 CPU 以及 Flash/DDR，省掉复杂的供电方式，满足通信终端低功耗的要求。

第 6 章　窄带物联网的电力应用方案研究与验证

6.1　窄带物联网在智能电网中的应用技术方案

多业务广覆盖的窄带物联网电力应用技术研究具备多种业务的接入能力，可实现生产、营销、基建等各类业务接入。包括：用电信息采集、配电自动化、输变电状态监测和电缆管道监测等。

6.1.1　业务总体原则

多业务广覆盖的窄带物联网电力应用技术研究接入总体方案遵循系统性、最小改动、经济高效、安全可靠、可操作性等原则。

窄带物联网无线与电力物联网无线融机器通信系统业务接入总体方案需要遵循系统性原则，综合考虑通信、安全、业务三个维度，将业务系统和窄带物联网通信网络作为一个整体，在电力业务数据信息流经的业务终端、窄带物联网无线通信网、业务承载网、业务系统等所有环节，开展总体设计。

电力窄带物联网无线专网具备数据、语音、视频等各类电力业务的综合承载能力，并能根据不同业务需求，实现网络的柔性扩展和业务的延伸覆盖。因此，业务接入设计方案以保证对业务终端、业务系统、承载网络的最小改动为基本原则，可通过增加安全接入设备等形式，尽量减少业务割接和新业务接入对在运业务系统的影响。

电力窄带物联网无线专网业务接入总体方案需要遵循国家、行业和电力系统相关信息安全防护标准、规范、原则，实现业务终端的认证、业务信息的加密、业务数据的安全。同时，为保证电力业务的高效、可靠传输，需要在窄带物联网通信网络、业务承载网络等多个层面开展冗余设计，保证电力业务的传输性能。

多业务广覆盖的窄带物联网电力应用技术研究的业务接入总体方案需要针对各种电力物联网应用场景、各类电力物联网业务需求，综合考虑新建、改造和割接等不同业务接入方式，以及现场环境、天气、突发状况等因素对窄带物联网无线网络和电力物联网信号传输强度的影响，给出具备普适性的典型设计方案，并能针对特定场景，给出具体、可实施、可落地的业务接入建设方案。

6.1.2 业务总体标准规范

多业务广覆盖的窄带物联网电力应用技术研究的业务接入设计需要遵循国家、通信行业、国家电网公司等层面的相关通信、安全和业务系统的标准、规范等，具体见表 6-1。

表 6-1　业务接入设计遵循的主要标准

标准分类	标准编号	标准名称
通信	YD/T 5222—2015	数字蜂窝移动通信网 LTE 核心网工程设计规范
	YD/T 5223—2015	数字蜂窝移动通信网 LTE 核心网工程验收规范
	YD/T 2575—2016	TD-LTE 数字蜂窝移动通信网　终端设备技术要求
	YD/T 2571—2015	TD-LTE 数字蜂窝移动通信网　基站设备技术要求
	YD/T 5213—2015	数字蜂窝移动通信网 TD-LTE 无线网工程设计暂行规定
	YD/T 5217—2015	数字蜂窝移动通信网 TD-LTE 无线网工程验收暂行规定
	YD/T 5234—2016	数字蜂窝移动通信网 LTE 无线网工程施工监理规范
	Q/GDW 11358—2014	电力通信网规划设计技术导则
安全	发改委〔2014〕14 号	电力监控系统安全防护规定
	能源局〔2015〕36 号	电力监控系统安全防护总体方案
	国调〔2011〕168 号	关于加强配电网自动化系统安全防护工作的通知
	国网运检〔2016〕576 号	国家电网公司关于进一步加强配电自动化系统安全防护工作的通知
业务系统	Q/GDW 380.2—2009	电力用户用电信息采集系统管理规范：通信信道建设管理规范
	Q/GDW 1375.1—2013	电力用户用电信息采集系统型式规范　第 1 部分：专变采集终端型式规范
	Q/GDW 1375.2—2013	电力用户用电信息采集系统型式规范　第 2 部分：集中器型式规范
	Q/GDW 1375.3—2013	电力用户用电信息采集系统型式规范　第 3 部分：采集器型式规范

6.1.3 业务总体方案

业务接入建设方案设计主要由业务应用的现状调研为基础，通过业务终端、窄带物联网通信网、业务承载网、业务系统四个层面进行通信网络设计，最后根据不同业务的应用需求在业务终端进行具体的布置安排。业务接入典型设计架构，业务接入典型设计架构示意图如图 6-1 所示。

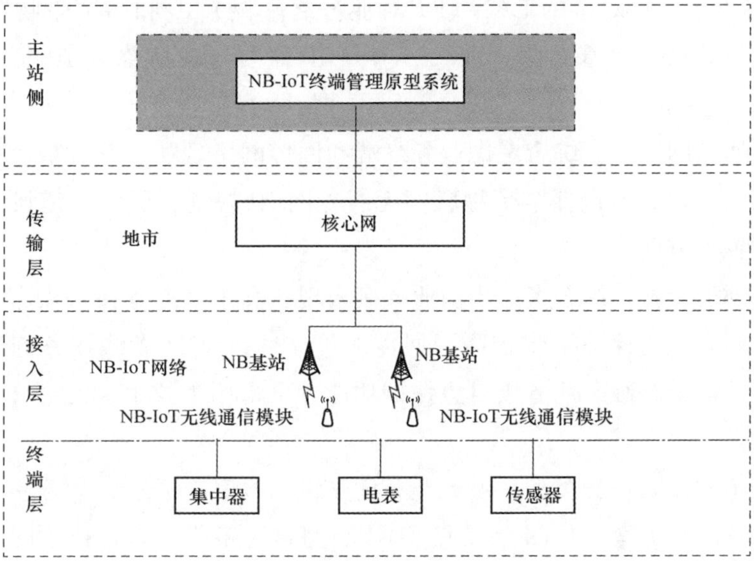

图 6-1　业务接入典型设计架构示意图

（1）终端层面。综合考虑窄带物联网无线专网覆盖范围、业务终端类型等情况，开展业务终端层面业务接入设计，具体包括业务终端选择、接入方式选择、终端 IP 规划等方面。

1）业务终端选择。根据窄带物联网信号强度、网络带宽、通信速率建立窄带物联网通信网络承载能力与地理位置映射图，综合考虑窄带物联网通信网络业务承载能力及电力业务通信需求，确定待接入业务终端的位置、类型和数量。支持国网认可的硬件加密芯片，对终端安全认证及通道数据的加解密处理。支持智能灵活的网络选择算法，网络资源的合理调度，充分利用网络资源。具备网管代理，对 CPE 终端的集中统一管理。支持智能休眠机制，降低设备功耗。丰富的电力业务接口、工业级设计。

2）接入方式选择。根据取电方式、存放空间、业务终端形态和通信接口，确定业务终端接入窄带物联网的通信终端形态。其中，通信终端包括外置CPE、窄带物联网通信板卡（配电）、窄带物联网通信模块（用电通信仓）等多种形式。

3）终端IP规划。终端IP规划包括业务终端和通信终端两个层面。其中，业务终端IP按原有业务系统规划设计，由各业务部门提供。通信终端IP包括与业务终端对接的LAN口（对业务终端侧）IP和与窄带物联网基站对接的WAN口（对基站侧）IP，LAN口IP需要与业务终端IP配置在同一个网段。

（2）通信网层面。综合考虑业务终端和回传网络现状，开展窄带物联网通信网层面设计，具体包括窄带物联网无线专网IP规划、回传通道设计、业务优先级配置等方面。

回传通道带宽，综合考虑当前业务接入现状和未来业务接入需求，按极限值设计。同时，为保证窄带物联网回传网可靠性，SDH专线业务开通需考虑设备级、传输链路级、业务级自愈保护功能，可采用手拉手、汇聚、点对点等拓扑结构。

根据不同接入业务类型，设置业务优先级和通信资源分配策略。

（3）核心网方案（见图6-2）。①核心网容灾备份：防止核心网网元通信故障影响网络的正常运营。②设备板卡级备份：避免板卡损坏导致的网络不可用。③故障单站：在与核心网不能正常通信的情况下（如传输损坏），单个基站覆盖区域用户仍能进行数据通信。④终端：终端脱网情况下，仍可进行数据通信。

双核心网双机组网成异地容灾备份，实现双核心主备容灾共网融合。由独立双核心交换机拓扑连接的共网交换机。双核心网终端数据配置实现同步合一。核心网异地容灾软件和数据配置部署。基站的数据调整成异地容灾主备模式。

（4）系统层面。综合考虑业务系统部署方式和部署位置、业务终端接入类型和接入位置，开展业务系统层面设计，主要考虑安全防护和IP地址规划。

1）安全防护设计。通过调研业务系统部署方式和部署位置，业务系统安全等级开展安全防护设计，明确通过窄带物联网无线专网接入业务系统的安全防护设计及新增安全防护设备，如图 6-3 所示。

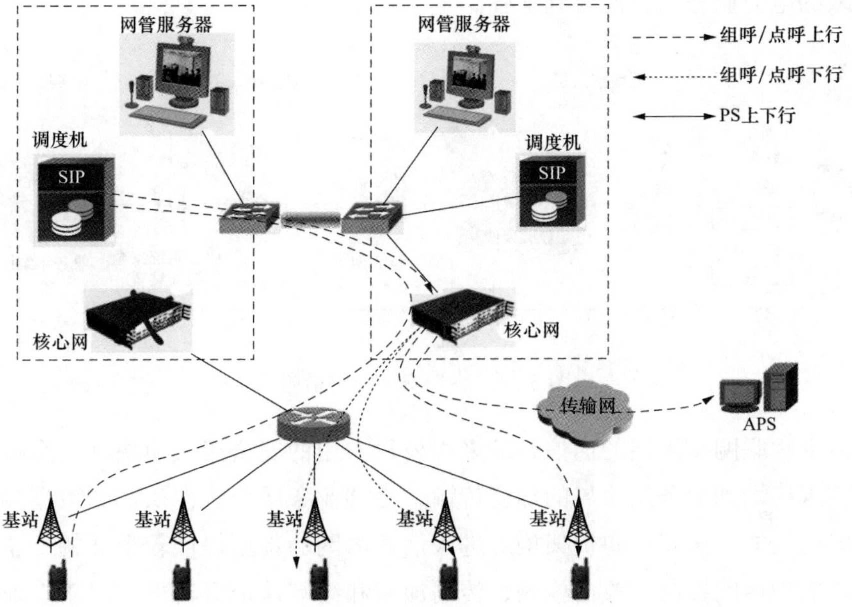

图 6-2　核心网方案

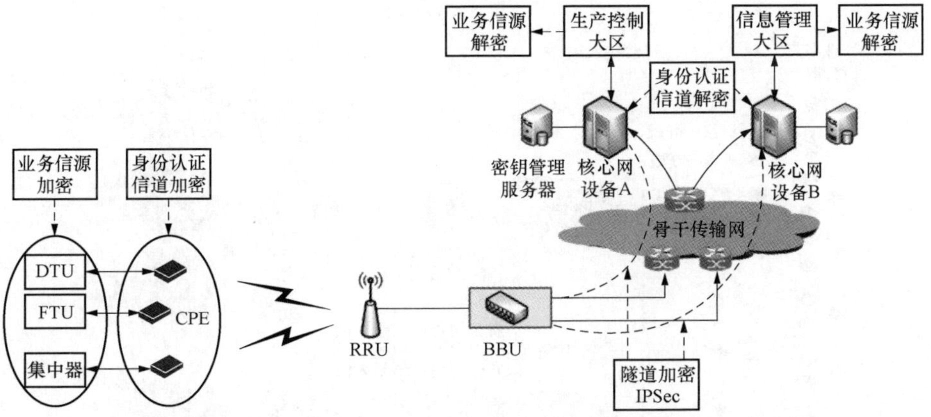

图 6-3　窄带物联网网络安全架构

2）IP 地址规划设计。业务接入模式下业务系统 IP 地址规划，按原有 IP 地址规划设计方案配置，重点开展新接入业务终端的 IP 地址匹配策略设计。

（5）终端安全防护措施（见图 6-4）。在窄带物联网标准安全防护体系之外附加了额外的电力终端安全防护措施，并通过增加的终端安全防护措施使得所接入的电力业务安全性得到加强。

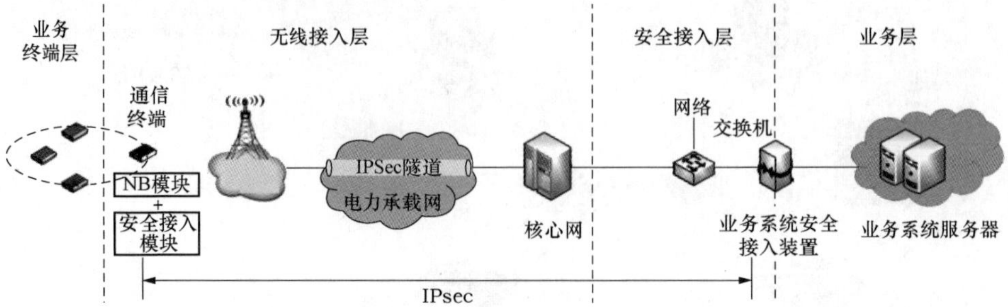

图 6-4　终端安全防护措施

窄带物联网接入层的通信终端采用公司专用的安全接入模块（安全接入平台）实现终端到业务层边界的加密传输、终端业务层合法性认证和数据隔离交换等安全功能。该安全防护架构对进入信息内网的数据提供较全面的安全防护措施，实现访问控制、攻击检测、传输加密和终端认证等功能。对于多业务承载场景来说，每种业务的接入都需要相应的安全接入平台，多业务终端安全防护措施如图 6-5 所示。

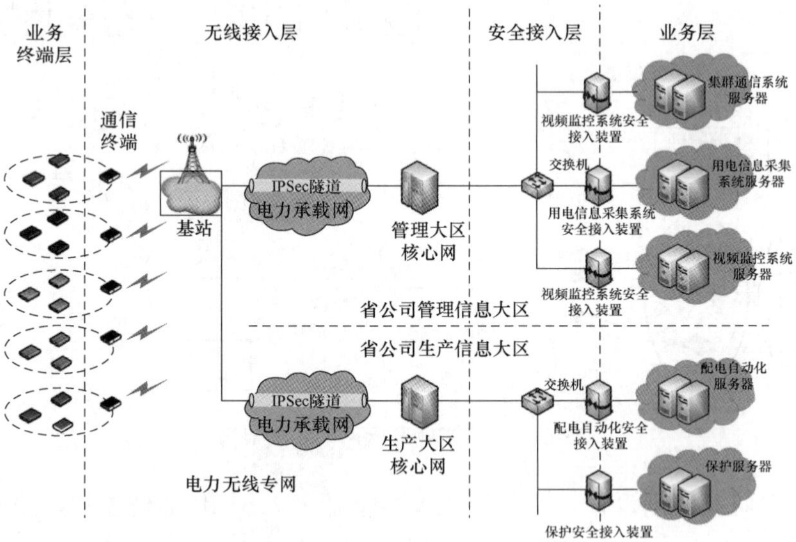

图 6-5　多业务终端安全防护措施

（6）边界安全防护措施。

电力窄带物联网无线专网系统边界防护措施包括以下几方面：

1）在窄带物联网专网网络边界和外部网络的互联互通口都要通过防火墙接入内部网络。防火墙应制定严格的访问策略实现专网域至网络边界域的访问控制。

2）在窄带物联网专网网络边界部署通信安全网关，对终端进行身份认证，对通信进行基于隧道的加解密，针对源地址制定访问控制（ACL），禁止不同 APN 业务互访。

3）安全防御。通信安全网关集成抗拒绝服务模块，识别攻击流和正常流，有效阻断攻击流，同时保证正常流通过，避免对正常流产生拒绝服务；防火墙集成防恶意代码攻击模块防御恶意代码攻击。

针对边界的防护策略如图 6-6 所示。

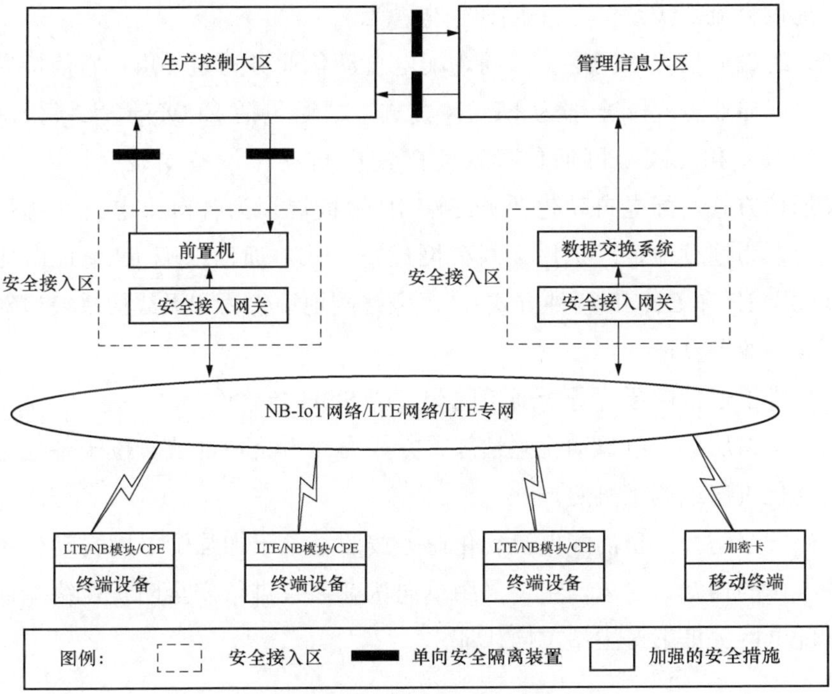

图 6-6　针对边界的防护策略

6.2 相关业务现状

6.2.1 配电自动化业务现状

配电自动化是指应用现代计算机技术、远动、自控、通信、新型配电设备等先进技术手段，实现配网在线和离线远方监控与配电自动化管理，主要由配电自动化主站系统、配电终端、通信网络等组成。

（1）配电终端层。配电自动化终端分布于10kV配网线路，包括柱上开关FTU、环网柜DTU、开闭所DTU、配电自动化台区（配电监测）等类型。业务终端通信接口绝大部分为RJ45，少量存在RS232/RS485接口。当前，配电自动化终端通过PT等方式取电，采用柜内转换模块给通信终端（ONU、无线模块）提供直流24V/48V（一路通信电源）。

（2）终端通信接入网层。当前，配电自动化业务通过10kV通信接入网实现接入，三遥业务终端全部为EPON方式，二遥包括EPON和无线公网两种方式。EPON和无线公网通信模块均随配电自动化设备安装（柜内）。采用EPON通信方式，配电自动化业务终端IP地址规划为各市供电公司相关业务部门分配，为连续地址。采用无线公网通信方式，通信终端IP地址由运营商提供（固定IP和DHCP两种方式）。配电终端地址仅为和无线模块接口对接地址，不参与业务互通。

（3）骨干通信网层。骨干通信网均采用SDH传输网。

（4）主站层。配电自动化主站部署方式为地市公司部署，位于各地市公司配网自动化机房或调度机房。

（5）安全防护。目前配电自动化业务按照《关于加强配电网自动化系统安全防护工作的通知》要求，主要采用单向认证装置进行安全防护，终端通过预置主站配电网关证书对主站单向认证。

6.2.2 输变电状态监测业务现状

输变电设备状态监测系统是实现输变电设备状态运行检修管理、提升输变电专业生产运行管理精益化水平的重要技术手段，通过各种传感器技术、广域通信技术和信息处理技术实现各类输变电设备运行状态的实时感知、监视预警、分析诊断和评估预测，其建设和推广工作对提升电网智能化水平、实现输变电设备状态运行管理具有积极而深远的意义。

输变电设备状态监测系统通过分布在输电线和变电站的各种传感器来采集数据，需要设计一个通信方案来解决各类专业监测装置、CMA、CAC、CAG之间的通信问题。

目前有两种可行的通信方案：一是公网方案，利用公用数据通信网提供的数据传递业务（例如 GPRS、CDMA、3G 数据业务等）来实现数据的集中。公网方案的优点是见效快、成本低，缺点是通信性能差、数据传输能力低、数据安全性无保证，对部分边远地区的线路存在覆盖问题而无法实现通信。此外由于公网数据通信能力的限制，限制了一部分监测功能的实现（例如，视频监视功能），影响了状态监测技术的进一步发展。二是专网方案，通过应用无线和光纤通信通信技术，沿电力线建立自主的专用通信网络，在变电站内建立全覆盖的无线通信网络。这些网络首先将分布在各地的数据集中到变电站的通信机房，再通过现成的各种电力通信网（管理信息网、调度数据网）或者构建专门的状态监测数据网实现数据集中。专网方案的优点是通信性能好、数据传递能力强、数据安全性有保障，尤其在需要传递视频监视信号的场合。专网方案可以为状态监测技术的发展打下坚实的通信基础。此外更重要的是，由于专网方案是沿电力线部署的系统，不会产生边远地区线路的覆盖问题。专网方案的缺点是需要一定的建设投资和建设周期，需要对目前的 OPGW 光缆线路作一定的改造。

由于专网方案刚刚起步，目前已有的输电线路状态监测系统主要采用的是公网方案。由于公网方案各方面的限制在应用过程中发现了许多问题（例如带宽、覆盖、数据传递稳定性和可靠性等），信息安全性的问题更为突出，必须引起重视。随着状态监测技术应用的深入，专网方案的应用在逐步增加，对于重要输电线路的状态监测专网方案有其明显的优点。

在状态监测系统数据集中的过程中比较实际的解决方案是公网和专网两种方式并存。对于重要线路、一般线路上的重要监测点及有宽带数据传递要求的应用场合（例如视频监测）宜采用专网方案；对于电压等级低的一般线路和不要求宽带数据传递的应用场合可以采用公网方案。

6.2.3 用电信息采集业务现状

用电信息采集系统由采集主站、通信通道和终端组成。通信信道包括远程通信信道和本地通信信道，其中远程通信信道主要承载采集终端到系统主站的数据传输，现阶段以无线公网通信方式为主，个别区域根据现场情况采用光纤专网、无线专网等方式进行采集终端与系统主站之间的通信链接。本地信道用于现场终端到表计的通信连接，通信技术包括电力线载波、RS485 总线、微功率无线等。用电信息采集系统现阶段组网现状如图所示。

（1）主站。用电信息采集业务主站系统部署为省级部署。

（2）远程通信通道。当前主要使用无线公网和 230M 数传电台方式。

（3）现场终端。现场终端主要包括集中器、负控终端、G 表（配变台区）。其中集中器分为Ⅰ/Ⅱ型，2013 版Ⅰ/Ⅱ型都有网口，2009 版无网口和串口。

负控终端主要为Ⅰ/Ⅱ型，其中 2013 版Ⅰ/Ⅱ型有网口，2004/2005 版Ⅰ型有串口；G 表均为嵌入无线公网通信模块方式，无其他通信接口，后期将逐渐被Ⅰ型集中器替代。

当前用于集中器的无线公网和 230M 模块均为嵌入式通信模块；用于负控终端的无线公网通信终端为外置式（全部通过串口方式对接），230M 为嵌入式通信模块。采用无线公网通信方式的终端 IP 地址由运营商负责分配，通过 APN 专线后通过防火墙接入主站系统。采用 230 通信方式的终端没有 IP 地址，主站通过地址码识别终端。

（4）电力用户。主要包括居民用户、低压单相一般工商业用户、低压三相一般工商业用户、公用配变关口计量点、中小型专变用户、大型专变用户等。

（5）安全防护。当前加密认证只针对参数设置和控制命令相关数据，采集类数据没有要求。在主站侧部署加密机，在远程费控智能电表和 2013 版集中器和负控终端中内嵌 ESAM 芯片。由 ESAM 芯片与加密机之间进行安全认证与加密。

6.2.4 接入建设方案

（1）输变电状态监测。输变电设备状态监测系统的总体架构如图 6-7 所示。

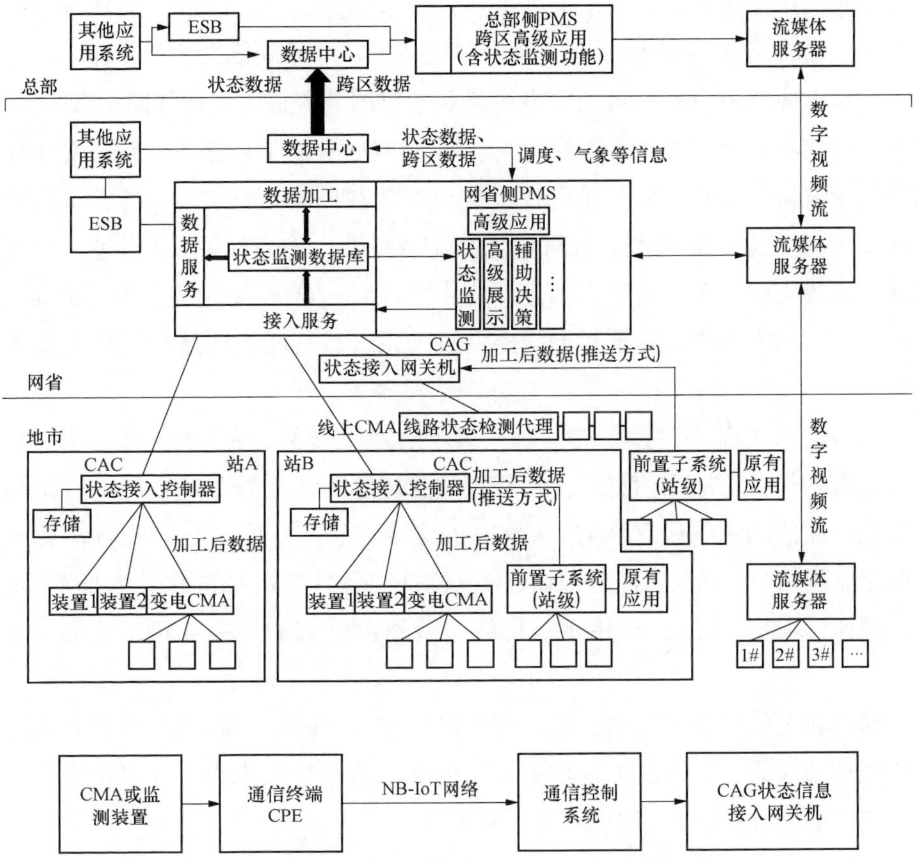

图 6－7　输变电设备状态监测系统的总体架构

总体上看，输变电设备状态监测系统在总部和网省公司两级进行完整部署，在地市级仅部署状态信息接入控制器（CAC）和各类状态监测装置及监测代理（CMA），以及用于视频/图像监控的流媒体服务器和视频采集装置、各类输变电设备状态监测数据在网省和总部集中存储，地市（包括班组）和网省公司用户均通过登录网省 PMS 系统使用状态监测应用功能。视频/图像监控子系统相对独立。

在站内分布的各类变电设备状态监测装置（新投运部分）或变电 CMA 及汇聚到站内的线路 CMA 通过标准方式接入本站 CAC，然后通过本站 CAC 直接向上接入网省状态信息接入服务器。对于已经建有状态监测系统的站，本站 CAC 通过从原前置子系统集中接入所有状态信息（注：CAC 接入的是加工后数据，并采用推送方式，要求原变电前置子系统进行相应改造）实现对原系统的包容，CAC 不直接连接原有的状态监测装置，以降低接入的复杂性。

在输电线路上分布的各类输电线路状态监测装置首先通过线路 CMA 汇聚，有条件的线路 CMA 可落地到就近变电站，转从站内 CAC 接入系统；对于无法落地到变电站的线路 CMA 通过直接接入部署在网省端的 CAG 实现状态信息的接入。对于已经建有状态监测系统的输电线路，网省端 CAC 通过从原线路前置子系统集中接入所有状态信息（注：与以 C 一样，以 G 接入的也是加工后数据，并采用推送方式，要求原线路前置子系统进行相应改造）实现对原系统的包容。

状态监测代理（CMA）是一种安装于线路上或变电站内的，能集中收集线上或站内各类状态监测信息，并替代各类状态监测装置与 CAC 或 CAG 进行标准化数据通信的统一代理装置。CMA 可跨专业和跨厂家采集各类标准化或非标准化状态信息。在 CAC 看来，CMA 仅是一种特殊的标准化状态监测装置。在系统建设前期，CMA 可用于维持线上或站内已有的非标准状态监测装置的运行。

网省状态信息接入服务器将从各变电站 CAC 和网省侧 CAG 收集到的已规范化处理的状态监测信息存入网省集中的状态监测数据库中，并提供给同样是集中部署的 PMS 高级应用模块进行后续处理。

在网省级，集中存储的状态监测数据可以通过规范的状态监测数据服务经由企业级 ESB 总线为其他应用系统提供各类输变电设备状态监测在线信息，满足各类业务应用对状态监测信息的在线处理需要。其他应用系统也可通过数据中心共享各类输变电设备状态监测信息（这些信息由 PMS 负责定期送入数据中心，有一定的延时）。

与此同时，网省侧 PMS 将集中的状态监测信息（跨区电网部分，连同跨区电网设备及运检信息）通过数据中心进一步转发总部侧状态监测数据库，以便总部 PMS 中的跨区电网高级应用模块及其他应用系统使用。

数字化的视频图像信息通过专门的信道和流媒体服务器逐级上送网省和总部，并集成显示于各类 PMS 应用模块之中。PMS 应用模块也可以发出下行的视频图像调控信号，以远程调节视频图像或调看指定的历史视频记录片断。

在需要的时候，总部用户也可以通过总部 PMS 远程调用网省侧输变电设备的状态监测信息（如非跨区电网部分），以满足故障或其他异常情况下的特殊管理需要。

（2）用电信息采集。采用窄带物联网无线专网承载用电信息采集业务，除将现有无线公网通信终端替换或新增为窄带物联网通信终端外，还需根据相关安全防护要求，对现有安全接入平台的数据交换系统和用采主站进行 IP 端口代理配置。同时，需新开通窄带物联网核心网至主站系统之间的 SDH 专线。

通过新建窄带物联网无线专网承载用电信息采集业务，各地市无线专网接入的用采终端数据通过 SDH 专线传输到安全接入平台（数据交换系统），然后通过网络连接用采主站系统。

6.3　窄带物联网安全接入

6.3.1　安全体系架构

无线安全防护体系是一个独立的安全防护体系，这个安全防护体系是根据无线网络特性而专门设计的完整体系结构，而不是用传统有线网络的安全防护手段及设备来解决无线网络中的安全问题。传统有线网络的安全体系架构是建立在对内部网络及用户的信任基础之上的。虽然随着不断发生的内部网络安全事件使 IT 管理人员意识到其实内部用户也并不是完全可信，但是要在本身就是以这种信任关系为基础的传统安全体系中解决该问题是相当困难的。因为传统的有线网络安全体系架构中还存在一个问题：在网络中我们只是基于网络层信息来进行网络安全策略的实施和管理，如 vlan 或 IP 子网地址，而没有用户的概念。如今绝大多数的实现也只是用于决定是否允许用户接入而已，若要利用认证来实现基于用户身份的安全策略分级管理则非常困难，因为这涉及 Radius 授权、动态安全策略应用等一系列难题。

普通的无线网络解决方案中同样存在上述问题。普通的无线安全防护体系通常只包括无线用户的认证和加密，用来解决在开放的空气介质中传输数据的安全问题。除此之外的所有安全问题都要依赖于有线网络来解决，而这对于有线网络安全体系来说更加困难。这对于那些对网络安全防护等级要求较高的用户，例如：银行，保险，证券等行业来说是不可接受的。

一套严密的无线网络安全体系应该包括以下几个部分：

（1）无线用户的认证：无线用户的认证可以保证只有合法用户接入网络，并可用于识别无线用户的不同登录身份。

（2）无线数据加密：无线数据加密可以保证无线数据在空口传输过程中的数据安全。

（3）基于用户身份的分级策略管理：结合用户认证身份实现与用户身份绑定的基于用户身份角色的状态防火墙安全策略，可以对通过认证的合法用户进行分级安全策略管理。

（4）无线入侵防护：无线入侵防护可以保护无线网络不受外来的专门针对无线环境的攻击，使无线网络可以稳定可靠地运行。

6.3.2 总体方案

业务接入建设方案设计主要由业务应用的现状调研为基础，通过业务终端、窄带物联网通信网、业务承载网、业务系统四个层面进行通信网络设计，最后根据不同业务的应用需求在业务终端进行具体的布置安排。业务接入典型设计架构示意图如图 6-8 所示。

窄带物联网基站根据通信终端频率将生产类型的数据送往生产大区，将管理类型的数据通过与前者物理隔离的接口送往管理大区。在生产大区或者管理大区内部，窄带物联网基站根据终端的全球唯一标识 MMEI 将终端数据送往不同的业务 VPN。在进入该 VPN 的边界处通过安全接入设备进行安全接入。

6.3.3 SM9 算法轻量级安全接入

（1）海量终端接入应用分析。传统的各种无线终端接入网络的解决方案都是依赖于外界对自身的信任，从软件或协议的角度出发，考虑接入的安全性问题，而忽略了无线设备自身的安全性保护。近年来，可信计算技术的兴起，提出从终端的完整性保护入手，解决终端的安全，进一步解决接入的安全和网络的安全。本章从可信计算的角度对电力窄带物联网终端接入安全进行研究。

电力窄带物联网环境下接入终端的形式多种多样，随着智能电网建设的发展，在发电、输电、变电、配电、用电、电网资产管理等各个环节都有多种多样的终端需要接入电力信息网络，与主站系统进行数据交互。随着接入终端数

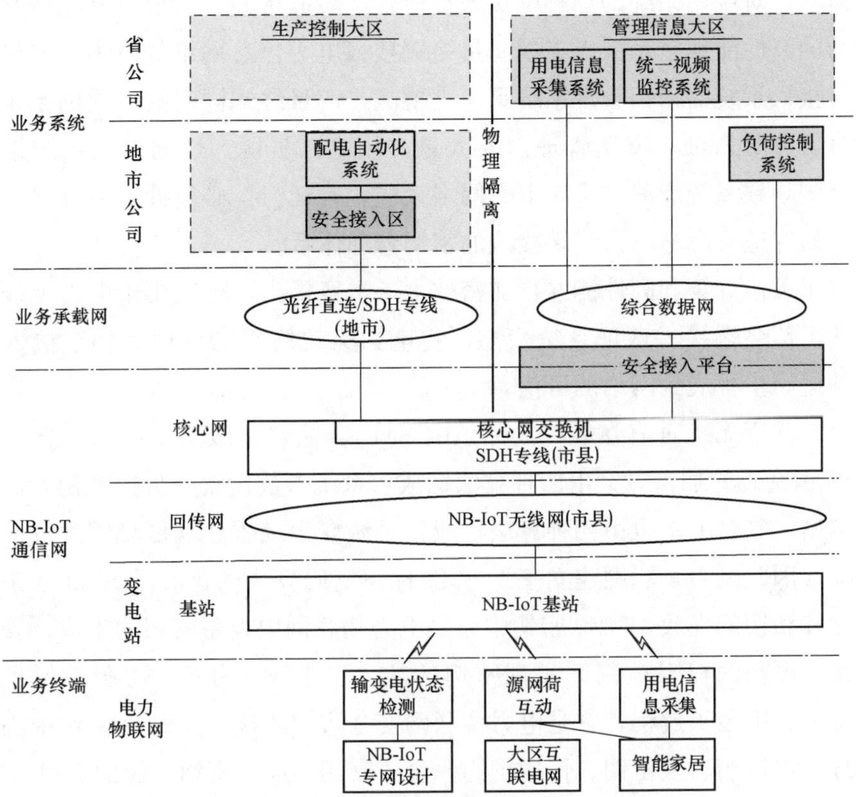

图 6-8 业务接入典型设计架构示意图

量的扩展，形成海量终端接入电力信息网络，必然会对电力信息网络安全形成重大影响。如何保障电力终端安全有效的接入电力信息网络，防止入侵者利用电力窄带物联网信道窃取、伪造、篡改终端与主站应用服务器与物联网终端传输的数据，防止入侵者攻击电力信息网络，破坏电力安全生产就成了急需要解决的问题。

目前对接入电力窄带物联网网络的终端需要通过身份认证、数据加密等多种手段保护终端的接入安全。但是当前的安全应用研究局限于对有限设备接入的考虑，如果简单的应用当前的研究无法解决电力海量终端接入遇到的问题。

基于电力窄带物联网环境下的接入终端，在应用方面有其特殊性，需要在电力窄带物联网环境下针对海量终端接入的特点研究新的信息安全防护技术。海量电力终端加密接入对主站接入系统加解密能力要求较高。海量终端接入的加密需求，对主站系统的加解密接入负荷是严峻的考验，必须研究支持并行加密能力的高性能加密系统以支撑海量终端接入电力信息网络的能力。海量终端接入对接入系统的密钥管理系统是一大挑战。海量终端同时接入内网系统，频繁的身份注册认证、密钥管理需要大量占用主站资源。轻则导致系统接入缓慢，重则导致系统崩溃，影响电力网络系统正常运行。必须针对海量终端接入特点，研究适合海量电力终端接入的密钥管理体系。

基于可信计算和高性能并行加密技术，本章提出一种适用于电力无线接入环境的可信终端接入认证系统模型，将电力无线终端的可信延伸至接入的可信，并进一步扩展到网络的可信。

（2）基于无线通信终端特征标识的 SM9 算法轻量级安全接入方案。基于 SM9 标识密码的加密方案由四种算法构成：系统参数设置、身份私钥生成、加密和解密。签名方案也由四种算法构成：系统参数设置、身份私钥生成、签名和验证。因此电力物联网建立基于 SM9 标识密码算法的核心是 SM9 密钥中心的建立和私钥的发放。SM9 密钥中心是电力物联网中设备密钥的生成、管理中心，是在严格的权限控制下实现密钥的注入、生成、分配、存储、保护、传输、备份、销毁等过程，它是电力物联网安全防护的核心。SM9 密钥中心的密钥可分为根密钥、主密钥、传输密钥、设备密钥、通信密钥、保护密钥、MAC 密钥等，包括对密钥申请的授权和密钥管理的审计和跟踪、密钥管理系统的访问控制等功能。在基于 SM9 标识密码体制中，SM9 密钥中心是最为重要的环节。SM9 密钥中心应集中管理，这样不仅能提高电力物联网通信的安全等级，也将使电力物联网通信终端的管理更为集中。

针对电力窄带物联网，SM9 密钥中心设置在核心网侧，并为所管辖的基站分发二级密钥，而基站侧的 SM9 密钥中心为其管辖设备分发设备密钥，实现设备间的安全通信，如图 6 - 9 所示。

基于无线通信终端唯一 ID 或无线通信终端射频特征采用 SM9 算法的轻量级安全接入技术包括密钥生成、密钥分发、密钥保护、密钥更新、密钥备份等过程，具体如下。

1）密钥生成。SM9 密钥中心的密钥生成需要特殊的机制和合成算法来实现，要根据不同的密钥类型采用不同的机制，根密钥的生成需要多个密钥分量来合成；主密钥是通过根密钥的离散而生成；设备密钥是经过设备 ID 号与特

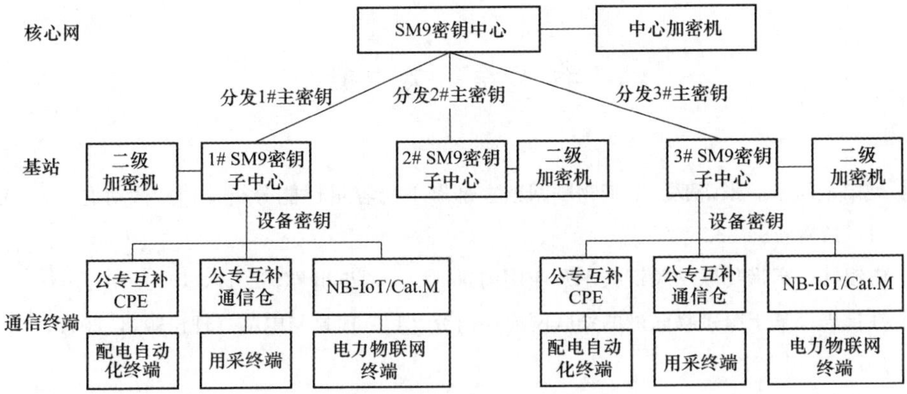

图 6-9　SM9 密钥生成、分发中心

定的算法计算而成；设备间通信密钥是协商而成。

2）密钥分发。无线通信终端的私钥可以通过两种方式下发，即装置在线通过安全通道下发给指定装置或离线以安全介质或加密文件的方式传递到指定的装置。由于变电站内的装置所处独立网络，正常运行时无法从 SM9 密钥中心获取私钥，因此，针对变电站的应用场景，私钥采用离线加密的方式下发到装置中。

3）密钥保护。无线通信终端的私钥通过采用离线加密的方式下发到装置中，由于装置密钥的敏感性和重要性，密钥不能以明文的方式存放，必须以加密的方式保存在装置的安全区域。

4）密钥更新。密钥更新是指系统运行了一段时期，由于管理等原因导致密钥泄漏，或密码技术的发展影响密钥的安全；需对装置密钥进行更新，鉴于现有基站部署情况采用离线密钥更新方案。

5）密钥备份。SM9 密钥中心的密钥备份是通过加密机来实现的，采用双机热备。装置中的私钥可以通过加密的方式保存备份（若装置内嵌安全芯片，安全芯片本身有安全机制保护密钥的安全）。

核心网侧 SM9 密钥中心是一级密钥，是为核心网分发密钥的密钥中心，也是为所管辖的基站二级密钥中心分发密钥的密钥中心。首先，核心网侧 SM9 密钥中心为核心网分发主站平台密钥，各基站二级密钥中心为各自接入的站内设备分发设备密钥。基于 SM9 标识密码机制可以实现不同电力物联网通信装置间通信的身份认证及数据加密，也可以实现核心网与通信终端的远程端到端安全认证。

参 考 文 献

[1] 黄韬，刘昱，张诺亚．窄带物联网独立部署下的容量性能分析［J］．移动通信，2017，41（17）：78-84.

[2] 史银姝．窄带物联网关键技术及应用前景［J］．通讯世界，2017，（17）：83.

[3] 林长勇．基于窄带物联网的物联网应用研究［J］．信息与电脑（理论版），2017，（17）：167-168+171.

[4] 王阳洋．窄带物联网技术与网络部署［J］．电子测试，2017，（17）：60-61.

[5] 朱为珏，姚玉华．关于窄带物联网物联网覆盖增强技术的分析［J］．无线互联科技，2017，（08）：28-29.

[6] 黄文超．窄带物联网低速率窄带物联网通信技术现状及发展趋势［J］．电子测，2017，（06）：58+29.

[7] 张旭，邓菲菲，何天爱．窄带物联网的技术背景及面临的挑战［J］．电脑知识与技术，2017，13（06）：89-90.

[8] 窄带物联网（窄带物联网）标准与关键技术［J］．通信世界，2017，（09）：61.

[9] 彭雄根，李新，陈旭奇．窄带物联网技术的发展及网络部署策略研究［J］．邮电设计技术，2017，（03）：58-61.

[10] 童桦．窄带物联网（窄带物联网）商业应用探索［J］．信息通信，2017，（03）：261-262.

[11] 何泽鹏．基于蜂窝的窄带物联网（窄带物联网）技术性能及应用［J］．广东通信技术，2017，37（03）：29-34+65.

[12] 李鹏飞．窄带物联网技术要点研究［J］．通讯世界，2017，（05）：60-61.

[13] 冯立华，程刚，王源野．电信运营商在窄带物联网的机遇、挑战及对策［J］．信息通信技术，2017，11（01）：7-11.

[14] 邢宇龙，胡云．窄带物联网部署策略［J］．信息通信技术，2017，11（01）：33-39.

[15] 张万春，陆婷，高音．窄带物联网系统现状与发展［J］．中兴通讯技术，2017，23（01）：10-14.

[16] 贾雪琴，张云勇．窄带物联网运营策略［J］．中兴通讯技术，2017，23（01）：21-24.

[17] 孙知信，洪汉舒．窄带物联网中安全问题的若干思考［J］．中兴通讯技术，2017，23（01）：47-50.

[18] 张万春，陆婷，高音．窄带物联网窄带物联网系统现状与发展［J/OL］．中兴通讯技

术，2017，(01)：1-8 (2016-12-29).
[19] 邹玉龙，丁晓进，王全全. 窄带物联网关键技术及应用前景 [J]. 中兴通讯技术，2017，23 (01)：43-46.
[20] 王晓周，蔺琳，肖子玉，吴海，赵存. 窄带物联网技术标准化及发展趋势研究 [J]. 现代电信科技，2016，46 (06)：5-12.
[21] 刘毅，孔建坤，牛海涛，张振刚. 窄带物联网技术探讨 [J]. 通信技术，2016，49 (12)：1671-1675.
[22] 曲井致. 窄带物联网低速率窄带物联网通信技术现状及发展趋势 [J]. 科技创新与应用，2016，(31)：115.
[23] 钱小聪，穆明鑫. 窄带物联网的标准化、技术特点和产业发展 [J]. 信息化研究，2016，42 (05)：23-26.
[24] 窄带物联网开启万物互联新篇章 [J]. 通信世界，2016，(25)：33.
[25] 詹诩春. 分组化高可靠的电力通信多业务承载网 [J]. 电信技术，2012 (7)：16-18.
[26] 王妍. 基于 IPSec 的 VPN 系统设计与实现 [D]. 成都：电子科技大学，2013.
[27] 车力军. 电力专网的接入网建设与思考 [J]. 电力系统通信，2002，23 (6)：21-24.
[28] 曹永峰，吴立文，李志峰，等. 电力无线应急通信网络的方案及安全性研究 [J]. 电信网技术，2012，7 (7)：86-90.
[29] GESBERT D，SHAFI M，SMITH P，et al. From theory to practice：an overview of MIMO space-time coded wireless systems [J]. IEEE Journal on Selected Areas in Communications，2003，21 (3)：281-302.
[30] FERNEKED A，KLEIN A，WEGMANN B，et al. Load dependent interference margin for link budget calculations of OFDM networks [J]. IEEE Communications Letters，2008，12 (5)：398-400.
[31] 陈运生，付暾. 无线宽带接入技术在配用电通信网中的应用 [J]. 电力系统通信，2010，31 (6)：13-17.
[32] 黄盛. 智能配电网通信业务需求分析及技术方案 [J]. 电力系统通信，2010，31 (6)：10-12.
[33] 赵子岩，胡浩. 一种基于业务断面的智能配用电通信网业务流量计算方法 [J]. 电网技术，2011，35 (11)：12-17.
[34] 面向多业务的新型电力宽带无线通信技术研究及应用 [J]. 江苏省电力公司技术报告，2015.
[35] 许晓惠. 智能电网导论 [M]. 北京：中国电力出版社，2009.
[36] 何光宇，孙英云. 电网基础 [M]. 北京：中国电力出版社，2010.

[37] BUDKA K C, DESHPANDE J G, DOUMI T L, et al. Communication network architecture and design principles for smart grids [J]. Bell Labs Technical Journal, 2010, 15 (2): 205 - 227.

[38] 孟洛明，孙康，韦磊，郭少勇，徐思雅. 一种面向电力无线专网的虚拟资源优化分配机制 [J]. 电子与信息学报，1 - 7.

[39] 胡楠，王剑，滕飞，张旭. 基于信息通信融合的电力业务模型研究 [J]. 通讯世界，2016，(18)：147 - 148.

[40] 周静，胡紫巍，刘国军，卢利锋，孙媛媛. 电力骨干通信网业务需求分析与拓扑规划 [J]. 光通信研究，2016，(02)：15 - 18.